高等学校教材 35

数学解题策略选讲
（第 2 版）
TACTICS OF SOLVING PROBLEMS IN MATHEMATICS
(SECOND EDITION)

曾建国　编著

哈尔滨工业大学出版社
HARBIN INSTITUTE OF TECHNOLOGY PRESS

内 容 简 介

本书对常用的初等数学解题策略通过实例进行了阐述,对各种解题策略的讲解由易到难、循序渐进,所选例题、习题都是初等数学问题,包括一些数学中考、高考题和部分难度适中的竞赛题.

本书可供高等师范院校数学专业或数学教育硕士作为数学解题研究课程的教材、教学参考书,也可供中学数学教师教学参考或作为中学生提高数学解题能力的课外读物.

图书在版编目(CIP)数据

数学解题策略选讲/曾建国编著. —2 版. —哈尔滨:哈尔滨工业大学出版社,2019.5(2019.7 重印)
ISBN 978-7-5603-8113-8

Ⅰ.①数… Ⅱ.①曾… Ⅲ.①中学数学课-教学参考资料
Ⅳ.①G634.603

中国版本图书馆 CIP 数据核字(2019)第 069021 号

策划编辑	刘培杰　张永芹
责任编辑	张永芹　聂兆慈
封面设计	孙茵艾
出版发行	哈尔滨工业大学出版社
社　　址	哈尔滨市南岗区复华四道街 10 号　邮编 150006
传　　真	0451-86414749
网　　址	http://hitpress.hit.edu.cn
印　　刷	哈尔滨市工大节能印刷厂
开　　本	787mm×960mm　1/16　印张 8.75　字数 156 千字
版　　次	2011 年 1 月第 1 版　2019 年 5 月第 2 版 2019 年 7 月第 2 次印刷
书　　号	ISBN 978-7-5603-8113-8
定　　价	28.00 元

(如因印装质量问题影响阅读,我社负责调换)

第 2 版作者自序

《数学解题策略选讲》第 1 版出版以来,得到赣南师范大学、赣南师范大学科技学院、江西省贵溪市第一中学、内蒙古民族大学、南昌师范学院等兄弟院校的大力支持,用作数学解题教学教材或教学参考书,课外辅导培训教材或学生辅助读物,值此第 2 版出版之际,作者对他们的支持表示衷心感谢!

第 2 版修订了第 1 版中的一些疏漏和谬误,另外在第 2 章新增了一节"高观点策略",但是限于课时数及作者水平,增加的内容并不多也不是很成熟,希望得到读者的批评指正。

本书的第 1 版及第 2 版的出版,特别要感谢哈尔滨工业大学出版社刘培杰数学工作室及刘培杰副社长、张永芹老师的大力支持和帮助!是他们的真心帮助和辛勤工作才使本书得以修订并顺利出版。

作　者
2019 年 3 月于赣州

前　言

哪些是中学数学教师的"核心竞争力"？解题能力无疑是最重要的能力之一．高等师范院校数学专业的学生，即将成为中学数学教师，提高数学解题能力尤为重要．

在高等师范院校数学教育类课程中，一般开设较多并且与数学解题有关的课程有"数学方法论""数学竞赛""初等数学研究"等，不过这些课程的侧重点不是中学数学解题训练和解题策略的系统学习，因此，在数学师范专业很有必要开设数学解题策略学习的课程．

本书是在吸收了有关解题研究著作的精华，同时也融入了作者在数学解题研究和教学体会的基础上编写而成的．本书对常用的数学解题策略通过实例进行了阐述，对各种解题策略的讲解由易到难、循序渐进，所选例题、习题都是初等数学问题，包括一些数学中考、高考题和部分难度不大的竞赛题．本书注重实践性，便于教学使用．

本书可作为高等师范院校数学专业数学解题研究课程教材或教学参考书使用，也可供中学数学教师教学参考或作为中学生提高数学解题能力的课外读物．

受作者水平所限，书中必定存在不当或疏漏之处，敬请读者批评指正．

作　者
2010 年 11 月

目 录

第1章 数学解题理论概述 ································· 1
  1.1 数学问题与问题解决 ································· 2
  1.2 数学解题观 ································· 5
  1.3 数学解题的思维过程 ································· 12
  习题1 ································· 19

第2章 数学解题策略 ································· 21
  2.1 差异分析 ································· 21
  习题2.1 ································· 28
  2.2 类比联想 ································· 29
  习题2.2 ································· 35
  2.3 对应 ································· 36
  习题2.3 ································· 45
  2.4 特殊化 ································· 46
  习题2.4 ································· 53
  2.5 一般化 ································· 56
  习题2.5 ································· 60
  2.6 数形结合 ································· 60
  习题2.6 ································· 70
  2.7 动静转换 ································· 72
  习题2.7 ································· 78
  2.8 整体策略 ································· 79
  习题2.8 ································· 85
  2.9 正难则反 ································· 86
  习题2.9 ································· 92
  2.10 化归策略 ································· 92
  习题2.10 ································· 106
  2.11 逐步(局部)调整 ································· 107

习题 2.11 ………………………………………………………… 116
   2.12 高观点策略 ……………………………………………… 117
   习题 2.12 ………………………………………………………… 123
习题答案与提示 ………………………………………………… 124

参考文献 ……………………………………………………………… 132

第 1 章　数学解题理论概述

掌握数学就是意味着善于解题.

—— 波利亚

乔治·波利亚(George Pólya,1887—1985)是美籍匈牙利数学家、数学教育家,他在其名著《怎样解题》一书中把解题能力置于数学教育的核心位置,他认为:学习数学的主要目的在于解题. 掌握数学就意味着善于解题. 中学数学教学的首要任务就是加强解题的训练.

事实上,学生掌握数学的程度、各类数学考试的选拔性其实都主要表现在解题上. 所以,解题必须成为学校数学教育的核心、数学课程的主旋律.

在我国新颁布的中学数学课程标准中,已明确把"解决问题"列为课程目标之一①. 在中学数学教学中,对学生进行解题训练是实现这一课程目标的主要手段之一. 而中学数学教师的解题能力和水平直接影响这一目标的实现.

教师要积极亲身参加解题活动,只有通过实际的解题活动,教师才能获得必要的解题经验,这不仅有助于教师建立正确的观念、信念和态度,也有助于解题教学的改善,从而使教师的理论水平和实际能力都得到新的提高.

解题能力的提高必须经过实践. 波利亚认为:"解题是一种实践性的技能,就像游泳、滑雪或弹钢琴一样,只能通过模仿和实践学到它…… 你想学会游泳,你就必须下水,你想成为解题的能手,你就必须去解题."②

本章将简要介绍数学解题的基本理论、有关学者对数学解题的认识和观点.

---

① 中华人民共和国教育部. 普通高中数学课程标准(实验)[M]. 北京:人民教育出版社,2003.

② 波利亚. 怎样解题[M]. 北京:科学出版社,1982.

1.1 数学问题与问题解决

问题是数学的心脏.

—— 哈尔莫斯

1. 对数学问题的认识

纵观数学发展的历史可以看出,数学问题是推动数学发展的主要动力. 正如美国数学家哈尔莫斯(P. R. Halmos)所说:"数学究竟是由什么组成的？定理吗？证明吗？概念？定义？理论？公式？诚然,没有这些组成部分,数学就不存在,这些都是数学的必要组成部分,但是,它们中的任何一个都不是数学的心脏,这个观点是站得住脚的,数学家存在的主要理由就是解问题. 因此,数学的真正的组成部分是问题和解."

问题在数学思想的发展和发现中起着催化剂的作用. 事实上,数学的历史可以看成是研究问题的足迹. 千百年来,数学家们力图去解决这些问题. 一些最令人振奋的数学发现,总是由于数学家们努力解决"未解决"的数学问题,或试图对一些数学思想加以证明或反证时创造或产生的.

19世纪末,大数学家希尔伯特开始搜集没有解决的数学问题,并于1900年8月在巴黎召开的第二次国际数学家大会上提出著名的23个问题. 希尔伯特在他的演讲中说:"只要一门科学分支能提出大量的问题,它就充满着生命力；而问题缺乏则预示着独立发展的衰亡或中止." 一个好的问题,不仅会带来新分支、新方向,而且它还衍生出几倍甚至十几倍的新问题. 事实上,现代数学的蓬勃发展,就与希尔伯特23个问题休戚相关. 一个数学问题的解决,甚至推动数学向前迈一个台阶.

希尔伯特提到"问题"对数学发展的重要性:正如人类的某项事业都追求着确定的目标一样,数学研究也需要自己的问题. 正是通过这些问题的解决,研究者锻炼其钢铁意志,发现新方法和新观点,达到更为广阔和自由的境界.

爱因斯坦的名言则说明提出问题的重要性:"提出一个问题往往比解决一个问题更为重要." 甚至有人说:提出问题,就已解决了问题的一半.

那么,什么问题是重要的和有价值的呢？

希尔伯特认为:对数学理论所坚持的清晰性和易懂性原则,我想更应以之作为对一个堪称完善的数学问题的要求;因为,清楚的、易于理解的问题吸引着人们的兴趣,而复杂的问题却使我们望而却步.其次,为了具有吸引力,一个数学问题应该是困难的,但却不应是完全不可解致使我们白费力气.在通向那隐藏着真理的曲折道路上,它应该是指引我们前进的一盏明灯,并最终以成功的喜悦作为对我们的报偿.

不仅对于数学科学,而且对学校数学来说,问题也是它的心脏.一个有价值的问题,往往能成为促使人积极思考的动力.力求提高解决问题能力在数学教学中的作用已经是现代数学教学理论的一个特点.当前中学盛行的"问题教学法""研究法""发现法""任务驱动"等教学法,都明显地突出了解决问题在数学教学中的重要地位.

2. 问题的含义及类型

那么,什么是数学中的问题呢?罗增儒教授在《数学解题学引论》中列举了有关学者的观点[①]:

波利亚在《数学的发现》中将问题理解为:有意识地寻求某一适当的行动,以便达到一个被清楚地意识到但又不能达到的目的.解决问题指的是寻找这种活动.

威克尔格伦在《怎样解题》中说,我们考虑的所有形式的问题都可以认为由三类信息组成:关于已知条件的信息(已知表达式);关于运算的信息,这些运算从一个或多个表达式推导出一个或多个新的表达式;以及关于目标的信息(目标表达式).

三轮辰郎在"问题解决能力的育成"中认为,问题是指那些对于解答者来说还没有具备直接的解决方法,对于解答者构成认知上的挑战这样的一种局面.

1988 年召开的"第六届国际数学教育大会"的一份报告指出:"一个(数学)问题是一个对人具有智力挑战特征的、没有现成的直接方法、程序或算法的未解决的情境."

还可以列出一些提法,但是,不管有多少种不同的叙述,都离不开这样一个本

---

① 罗增儒.数学解题学引论[M].西安:陕西师范大学出版社,1997:2-4.

质:问题反映了现有水平与客观需要的矛盾,问题就是矛盾.对于学生而言,问题有三个特征:

(1)接受性:学生愿意解决并且有解决它的知识基础和能力基础.

(2)障碍性:学生不能直接看出它的解法和答案,而必须经过思考才能解决.

(3)探究性:学生不能按照现成的公式或常规的套路去解,需要进行探索和研究,寻找新的处理方法.

一个数学题是否成为问题,取决于主体的知识水平.例如,解方程

$$x^2 - 3x + 2 = 0 \qquad ①$$

$$x^3 - 3x^2 + 2x = 0 \qquad ②$$

$$x^3 - 3x^2 + 2x = 1 \qquad ③$$

对于初一学生来说,这三个方程都是问题,因为他们只学过一元一次方程的解法.对于初二学生来说,他们已经学了一元二次方程的解法,方程①不成问题;方程②由于提取出 x 之后才能化为常规的一元二次方程,因而对一部分学生将成为问题,而对另一部分学生并不成为问题;但一元三次方程③对所有初中生都是问题.

数学问题可以有多种分类方法.

按数学内容来分,可以分成几何、代数、数论(算术)、组合数学等.

按问题的结论来分,可以分为计算题、求解题、证明题.

从形式上分,有选择题、填充题、综合题.

从与已有经验关系分,有固定模式、没有或较少固定模式.

3. 问题解决

20世纪70年代,美国数学指导委员会也曾提出过:"学习数学的主要目的在于解题." 1980年4月,美国数学教师协会公布了一份文件,叫作"关于行动的议程",明确提出"必须把问题解决作为(20世纪)80年代中学数学的核心""数学课程应当围绕着问题解决来组织""数学教师应当创造一种使问题解决得以蓬勃发展的课堂环境". 20世纪90年代以来,"问题解决"仍然是美国数学教育的中心.

"问题解决"有不同的解释,比较典型的观点可归纳为4种:

(1)问题解决是心理活动

指的是人们在日常生活和社会实践中,面临新情境、新课题,发现它与主客观

需要的矛盾而自己却没有现成对策时,所引起的寻求处理办法的一种活动.

(2) 问题解决是一个过程

美国全国数学管理者大会(NCSM)在《21世纪的数学基础》(1988)中,把"问题解决"定义为"将先前已获得的知识用于新的、不熟悉的情境的过程". 这就是说,问题解决是一个发现的过程、探索的过程、创新的过程.

(3) 问题解决是一个目的

美国全国数学管理者大会在《21世纪的数学基础》中认为"学习数学的主要目的在于问题解决". 因而,学习怎样解决问题就成为学习数学的根本原因. 此时,问题解决就独立于特殊的问题,独立于一般过程或方法,也独立于数学的具体内容.

(4) 问题解决是一种能力

即那种把数学用之于各种情况的能力. 美国全国数学管理者大会把解决问题的能力列为 10 项基本技能之首. 重视问题解决能力的培养、提高问题解决的能力,其目的之一是,在这个充满疑问、有时连问题和答案都是不确定的世界里,学习生存的本领.

上述各种看法,在形式上似乎并不一致,但它们有本质上的共同点,即在教学中为学生提供了一个发现、创新的环境与机会,为教师提供了一条培养学生解题能力、自控能力和应用数学知识能力的有效途径.

1.2 数学解题观

不落俗套的数学问题求解,是真正的创造性工作.

——波利亚

数学解题观就是一个人对数学解题的看法,以回答"解题的实质是什么?"数学解题观是解题理论中的一个基本问题,因为,对于一个训练有素的数学教师来说,形成一个正确、合理的解题观,这对于从较高角度认识解题过程、弄清解题本质是非常必要的,也只有这样,才会在解题观基础上掌握解题规律、形成解题经验、提高解题能力. 下面介绍几种有代表性的数学解题观.

1. 解题就是问题转换(化归)

(1) 解题就是问题转换.

—— 波利亚

乔治·波利亚先后写出了《怎样解题》《数学的发现》和《数学与猜想》. 这些书被译成很多国家的文字出版, 成了世界范围内的数学教育名著. 对数学教育产生了深刻的影响. 正因为如此, 当波利亚93岁高龄时, 还被国际数学教育大会聘为名誉主席.

波利亚1887年出生在匈牙利, 青年时期曾在布达佩斯、维也纳、哥廷根、巴黎等地攻读数学、物理和哲学, 获博士学位. 1914年在苏黎世著名的瑞士联邦理工学院任教. 1940年移居美国, 1942年起任美国斯坦福大学教授. 他一生发表200多篇论文和许多专著, 他在数学的广阔领域内有精深的造诣, 在实变函数、复变函数、概率论、数论、几何和微分方程等若干分支领域都做出了开创性的贡献, 留下了以他的名字命名的术语和定理. 他是法国科学院、美国全国科学院和匈牙利科学院的院士, 不愧为一位杰出的数学家.

波利亚热心数学教育, 十分重视培养学生思考问题、分析问题的能力. 他认为中学数学教育的根本宗旨是"教会年轻人思考". 教师要努力启发学生自己发现解法, 从而从根本上提高学生的解题能力.

波利亚致力于解题的研究, 为了回答"一个好的解法是如何想出来的"这个令人困惑的问题, 他专门研究了解题的思维过程, 并把研究所得写成《怎样解题》一书. 这本书的核心是他分析解题的思维过程得到的一张"怎样解题表"(表1.1).

表1.1 怎样解题表

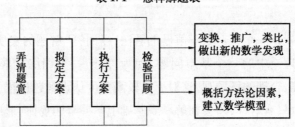

① 弄清题意

a. 已知是什么?

b. 未知是什么?

c. 题目要求你干什么?

d. 可否画一个图形?

e. 可否数学化?

② 拟定方案(核心)

a. 你能否一眼看出结果?

b. 是否见过形式上稍有不同的题目?

c. 你是否知道与此有关的题目,是否知道用得上的定义、定理、公式?

d. 有一个与你现在的题目有关且你已解过的题目,你能利用它吗?

e. 已知条件 A,B,C,… 可否转化? 可否建立一个等式或不等式?

f. 你能否引入辅助元素?

g. 如果你不能解这个题,可先解一个有关的题,你能否想出一个较易下手的、较一般的、特殊的、类似的题?

③ 执行方案

a. 把你想好的解题过程具体地用术语、符号、图形、式子表述出来.

b. 修正解题方向以及原来拟定的不恰当的方案.

c. 解题要求是:严密具有逻辑性.

④ 检验回顾

a. 你能拟定其他解题方案吗?

b. 你能利用它吗? 你能用它的结果吗? 你能用它的方法吗?

c. 你能找到什么方法检验你的结果吗?

在这张包括"弄清问题""拟定方案""执行方案"和"检验回顾"四大步骤的解题全过程的解题表中,对第二步即"拟定方案"的分析是最为引人入胜的. 他指出寻找解法实际上就是"找出已知数与未知数之间的联系,如果找不出直接联系,你可能不得不考虑辅助问题. 最终得出一个求解计划." 他把寻找并发现解法的思维过程分解为5条建议和23个具有启发性的问题,它们就好比是寻找和发现解法的思维过程的"慢动作镜头",使我们对解题的思维过程看得见,摸得着.

波利亚的"怎样解题表"反映出他的解题观,解题实质上就是"问题转换". 这里说的"问题转换",在《怎样解题》一书中也叫"变化问题""题目变更". 在波利亚的眼里,解决问题的实质就是问题转换,问题转换的过程就是解题. 波利亚强调: "解题的成功要靠正确思路的选择,要靠从可以接近它的方向去攻击堡垒,为了找出哪个方面是正确的方面,哪一侧是好接近的一侧,我们从各个方面、各个侧面去试验,我们变更问题.""变化问题使我们引进了新的内容,从而产生了新的接触,产生了和我们有关的元素接触的新可能性.""新问题展现了接触我们以前知识的新可能性,它使我们做出有用接触的希望死而复苏. 通过变化问题,显露它的某个新方面,新问题使我们的兴趣油然而生." 波利亚断言:"如果我们不用题目变更,几乎是不能有什么进展的."

例 1 解方程 $x = \sqrt{2+\sqrt{2+\sqrt{2+\sqrt{2+x}}}}$.

分析与解 用两边逐次平方的办法去掉根号必然导致解高次方程. 下面的解法就是利用换元使问题得以转换.

令

$$y = \sqrt{2+\sqrt{2+x}} \qquad ①$$

则

$$x = \sqrt{2+\sqrt{2+y}} \qquad ②$$

对照①②,由对称性知 $y = x$. 代入①得

$$x = \sqrt{2+\sqrt{2+x}} \qquad ③$$

(原方程转化为只有两重根号的方程)

用同样的方法,令 $z = \sqrt{2+x}$,则

$x = \sqrt{2+z}$,同理知 $z = x$,

即 $x = \sqrt{2+x}$,平方得 $x^2 - x - 2 = 0$

解得 $x = 2(x = -1$ 舍去$)$.

(2) 对于数学家的思维过程来说是很典型的,他们往往不对问题进行正面的进攻,而是不断地将它变形,直至把它转化为已经能够解决的问题.

——P. 路莎(匈牙利著名数学家)

P. 路莎为了说明这一解题观,还用以下十分生动的比喻,说明了化归思维的实质:"假设在你面前有煤气灶、水龙头、水壶和火柴,你想烧些开水,应当怎么去

做?"正确的回答是:"在水壶中放上水,点燃煤气,再把水壶放在煤气灶上."接着路莎又提出了第二个问题:"如果其他的条件都没有变化,只是水壶中已经放了足够的水,这时你又应当如何去做?"这时,人们往往会很有信心地回答说:"点燃煤气,再把水壶放到煤气灶上."但是路莎指出,这一回答并不能使她感到满意.因为,更好的回答应该是这样的:"只有物理学家才会这样去做;而数学家们则会倒去壶中的水,并声称我已经把后一个问题化归成先前的问题了."①

当然,上面的比喻确实有点夸张,但它也许更能体现数学家的思维特点——与其他应用科学家相比,数学家特别善于使用化归思想和方法. 应用化归原则解决问题的一般模式如下:

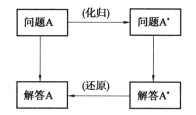

把所要解决的问题 A 经过某种变化,使之归结为另一个问题 A^*,再通过问题 A^* 的求解,把解得的结果作用于原有问题,从而使原有问题得解,这种解决问题的思想,我们称之为化归思想.

(3) 解题意味着把所要解决的问题转化为已经解决过的问题.

——C. A. 雅诺夫斯卡娅(苏联数学家)

我们通过例子来体现上述解题观.

例2 求凸 n 边形的内角和.

分析与解 如图 1.1,从一个顶点引出全部对角线(或自多边形内一点与各顶点连线),n 边形的内角和转化为若干个三角形的内角和求解. 易求得内角和是 $(n-2) \times 180°$.

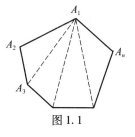

图 1.1

---

① Rosza Peter. 无穷的玩艺[M]. 南京:南京大学出版社,1985:84.

上述过程正是把未解决过的问题"凸多边形的内角和"转化为已解决过的问题"三角形的内角和".

例3 解方程:$\sqrt{4x^2-x-9}=x-1$.

解 平方得 $4x^2-x-9=(x-1)^2$(无理方程转化为有理方程).

化简得
$$3x^2+x-10=0$$

分解因式得
$$(3x-5)(x+2)=0$$

则 $3x-5=0$ 或 $x+2=0$(二次方程化为一次方程).

得 $x=\dfrac{5}{3}$,或 $x=-2$(舍去).

2. 解题就是给出原理序列

解数学题就是找到一种一般数学原理(定义、公理、定律、公式)的序列,联结已知与结论.

—— 弗里德曼(苏联数学家)

苏联数学家弗里德曼认为[①]:解数学题的实质,就是把数学的一般原理(定义、公理、定理、法则、公式等)应用于习题的条件或条件的推论而进行的一系列推理,直到求出习题的答案为止的过程.其核心任务就是找出这一系列正确的推理序列.

这一解题观在证明题等题型的解题过程中体现得较为明显.

例4 证明:$a^2+b^2+c^2 \geqslant ab+bc+ca$.

证 因为 $(a-b)^2 \geqslant 0$(非负数的性质),所以 $a^2+b^2 \geqslant 2ab$(不等式的移项法则).

同理 $b^2+c^2 \geqslant 2bc, c^2+a^2 \geqslant 2ca$.(同上)则 $2(a^2+b^2+c^2) \geqslant 2(ab+bc+ca)$,(不等式的性质),故 $a^2+b^2+c^2 \geqslant ab+bc+ca$ (不等式的性质).

---

① 弗里德曼.怎样学会解数学题[M].陈淑敏,严世超,译.哈尔滨:黑龙江科学技术出版社,1981.

3. 其他解题观

（1） 寻找题解就好像去抓藏在石堆里的老鼠．

——塔尔塔科夫斯基

奥林匹克数学竞赛最早发起人之一，苏联著名数学家塔尔塔科夫斯基教授有一个著名的比喻：寻找题解就好像去抓藏在石堆里的老鼠．这有两种方法：一种是可以把这个石堆的石头一块接一块地逐渐地搬开，直到露出老鼠来，这时，你们再扑上去，抓住它；另一种方法就是，围绕石堆不停止地来回走动，并留心观察，看看什么地方露出老鼠尾巴没有，一旦发现老鼠尾巴，你们就用手抓住它，并把老鼠从石堆里拖出来．解题就像在乱石堆里抓老鼠．

第一种方法是分解的方法，把大石堆变成小石堆，把一个问题分解为一些小问题（然后分别求解小问题），直到"老鼠露出来"，从烦琐复杂到简单，但是这种方法单纯、费力、费时间，多长时间能把石堆搬完是个未知数；

第二种方法是"抓特点法"，也是比较明智的方法，就是让人动脑子的方法，但是老鼠的尾巴你认识不认识，什么时候能看见，需要转多少圈，也是未知数，即使看见了老鼠的尾巴，能不能抓住也是问题．

（2）数学问题解决的信息加工过程

纽厄尔与西蒙提出了问题解决的信息加工过程[①]（如图 1.2）．

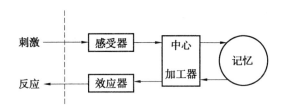

图 1.2

问题就是刺激，它对于问题解决者而言是外来信息．问题解决者通过感受器来接受信息．接受信息过程即信息输入过程．它是认知的门户，也是认知的出发点与

[①] Simon H A. 人类的认知——思维的信息加工理论[M]. 荆其诚,张厚璨,译. 北京:科学出版社,1986.

基础.它是人们(问题解决者)通过感觉器官接受的外界刺激,即感知.感知的主渠道是观察.

接着是把信息通过转换,使外界的信息变成主观性的信息.主观性的信息在中心加工器中进行加工,即思维.在加工过程中,其信息不仅来自外来的信息,也来自记忆中的信息.加工后的信息还可贮存.

另一方面,经过加工后的信息,成为加工的成果,也就是问题解决的结果,通过效应器作为输出反应.

这就是数学问题解决的功能性过程.在功能性问题解决过程中,核心部分是对信息的加工.对信息加工有许多理论,即信息加工模式理论.

(3) 其他观点

美国学者舍费尔德在名著《数学解题》[①]一书中,提出了一个新的理论框架,描述了解题的复杂的智力活动的四个不同性质的方面.

① 认识的资源.即解题者已掌握的事实和算法.

② 启发法.即在困难的情况下借以取得进展的"常识性的法则".

③ 调节.它所涉及的是解题者运用已有知识的有效性(即现代认知心理学中所说的元认知).

④ 信息系统.即解题者对于学科的性质和应当如何去从事工作的看法.

　　　　　解题就是连续化简.
　　　　　——唐以荣(重庆师范学院数学系教授,1918—1991)[②]

1.3　数学解题的思维过程

数学解题过程是思维的过程,既有逻辑思维,又有直觉思维,是一个极其复杂的心理过程.本节对数学解题的思维过程做简要分析.

1. 解题思维过程的四个阶段

对于数学解题思维过程,波利亚提出了四个阶段,即:

---

① Schoenfeld. A. Mathematical Problem Solving[M]. New York:Academic Press Inc. 1985.

② 唐以荣.中学数学综合解题规律讲义[M].重庆:西南师范大学出版社,1987.

弄清问题 → 拟定方案 → 执行方案 → 检验回顾

这四个阶段的思维过程实质可以用下列八个字加以概括：

理解 → 转换 → 实施 → 反思

（1）弄清问题

例5 某市有 n 所中学，第 i 所中学派出 C_i 名学生（$1 \leqslant C_i \leqslant 39, 1 \leqslant i \leqslant n$）到体育馆观看球赛，总人数 $\sum_{i=1}^{n} C_i = 1\,990$. 看台上每一横排有 199 个座位. 同一学校的学生必须坐在同一横排，问至少要安排多少个横排才能保证学生全部坐下？

把问题改述一下：一些学校派出学生看球赛，看台上每一排有 199 个座位，同一学校的学生必须坐在同一排. 每个学校派出的学生不超过 39 人，学生总数为 1 990 人，问至少要安排多少排才能保证学生全部坐下？

若是在教学中，还可以用填充或提问的方式来加深对题意的理解：

学生总数是 1 990 人；

每个学校派出人数小于或等于 39；

每排可坐 199 人.

还有什么要求？（答：同一学校的学生必须坐在同一排）

本题还有一个至关重要的词——"至少"，必须弄清楚.

"至少要安排多少排才能保证学生全部坐下"，这句话是什么意思？

这两层含义，需要我们怎样去做？怎样才是完整的解答？

实际上，改变问题的提法已不仅是弄清题意，可以说是向问题的解决迈进了一大步.

波利亚主张"不断地变换你的问题""我们必须一再地变化它，重新叙述它，变换它，直到最后成功地找到某些有用的东西为止".

为了理解、弄清题意，有时可以运用画图、列表等手段.

例6 摄制组从 A 市到 B 市有一天的路程，计划上午比下午多走 100 km 到 C 市吃午饭. 由于道路堵塞，中午才赶到一个小镇，只行驶了原计划的三分之一. 过了小镇，汽车赶了 400 km，傍晚才停下来休息. 司机说再走从 C 市到这里的二分之一，就到达目的地了. 问 A, B 两市相距多少千米？

如图 1.3，D 是小镇，E 是傍晚休息处. D, E 之间的距离是 400 km. EB 是 CE 的

二分之一,AD 是 AC 的三分之一,AC 比 CB 多 100 km. 求 AB 的长.

图 1.3

(2) 拟定方案

问题明确后,便是通常所说的真正的解题阶段.

熟悉的问题,有一定套路的问题,不需太多思考.

稍进一步的问题,需要一点变化,波利亚的表中"你是否见过相同的或形式稍有不同的问题?"可用,以唤醒你的记忆,从大脑的信息库中找到一个可以利用的模式.

真正的问题是不能照套的,需要解题者发挥某种程度的主动性与创造性. 主动性与创造性程度越大,问题的难度越大,质量越高. 对这类问题来说,波利亚所说的"你以前见过它吗?"等,就不用再考虑了,没有多大用处. 这类问题往往是竞赛性的.

例 7 已知 $k > a > b > c > 0$,求证

$$k^2 - (a+b+c)k + ab + bc + ca > 0 \quad ①$$

分析 抛物线 $y = x^2 - (a+b+c)x + ab + bc + ca$ 开口向上. 如果二次多项式

$$x^2 - (a+b+c)x + ab + bc + ca \quad ②$$

的判别式

$$\Delta = (a+b+c)^2 - 4(ab+bc+ca) \quad ③$$

满足

$$\Delta < 0 \quad ④$$

那么抛物线与 x 轴没有交点,从而在 x 轴上方,恒有

$$x^2 - (a+b+c)x + ab + bc + ca > 0 \quad ⑤$$

于是式 ① 成立.

故,原问题化为证明式 ④ 成立.

这一方案也很清楚,但是无法证明式 ④ 一定成立.

(3) 执行方案

在解题中,这一步是最容易的,如果方案是完善的,执行方案往往是"例行公

事",作一些机械性的计算,但方案往往是不完善的,所以又往往需要回到上一步,出现一些反复. 此外,计算或操作中也许有困难存在,甚至会遇到难以逾越的困难,这时原来方案必须推倒重来.

(4) 检验回顾

解题,如同在黑暗中走进一间陌生的房间. 回顾,则好像打开了电灯. 这时一切都清楚了:在以前的探索中,哪几步走错了,哪几步不必要,应当怎样走,等等. 朦胧变成了自觉.

正如波利亚所说,这是"领会方法的最佳时机",当读者完成了任务,而且他的体验在头脑中还是新鲜的时候,去回顾他所做的一切,可能有利于探究他刚才克服困难的实质,他可以对自己提出许多有用的问题:"关键在哪里? 重要的困难是什么? 什么地方我可以完成得更好些? 我为什么没有觉察到这一点? 要看出这一点我必须具备哪些知识? 应该从什么角度去考虑? 这里有没有值得学习的诀窍可供下次遇到类似问题时应用?"

2. 创新思维四阶段说

创造性解决问题比解决一般性问题有着更为复杂的心理活动过程,因此在它的运行中又有独特的思维活动程序和规律. 1926 年英国心理学家沃勒斯(G. Wallas)通过对创造过程的分析,提出了创造性思维的四阶段理论,把与创造活动相联系的创造思维过程分为准备阶段、酝酿阶段、豁朗阶段和验证阶段[①]:

准备阶段 → 酝酿阶段 → 豁朗阶段 → 验证阶段

(1) 准备阶段

这是在创造活动之前,围绕要解决的问题,收集以往资料,积累知识素材及他人解决类似问题的研究资料的过程. 这个阶段的准备工作做得越充分,收集的资料越丰富,越有利于开阔思路,从而受到启发,发现和推测出问题的关键,迅速理清思路、明确方向、解决问题.

(2) 酝酿阶段

这是在积累一定知识经验的基础上,在头脑中对问题和资料进行深入地分析、

---

① 张雄,李德虎. 数学方法论与解题研究[M]. 北京:高等教育出版社,2003.

探索和思考,力图找到解决问题的途径和方法的过程.这一阶段从表面上看没有明显的思维活动,创造者的观念仿佛处于"冬眠"状态,但事实上思考仍在断断续续地进行着.这个时候在创造者的意识中可能对该问题已不再去思考,转而从事或思考其他一些无关的问题,但在不自觉的潜意识中问题仍然存在,当受到一定刺激的作用,又会转入意识领域.例如,日间苦思不解的问题,夜间睡眠时忽然在梦中出现.可见,创造性思维的酝酿阶段多属潜意识过程,这种潜意识的思维活动极可能孕育着解决问题的新观念、新思想,一旦酝酿成熟就会脱颖而出,使问题得到解决.

(3) 豁朗阶段

这是经过充分的酝酿之后,在头脑中突然跃现出新思想、新观念和新形象,使问题有可能得到顺利解决的过程.在这一阶段中,百思不得其解的问题,意想不到地闪电般地迎刃而解,头脑似乎从"踏破铁鞋无觅处"的困境中摆脱出来,有一种"得来全不费工夫"的感觉,并显示出极大的创造性.这是对问题经过全力以赴地刻苦钻研之后所涌现出来的科学敏感性发挥作用的结果.这种现象称为"灵感"或"顿悟".许多科学家的创造发明过程中,都曾有过这种类似惊人的现象.

(4) 验证阶段

这是在豁朗阶段获得了解决问题的构想或假设之后,在理论上和实践上进行反复检验,多次补充和修正,使其趋于完善的过程.这个阶段,或从逻辑角度在理论上求其周密、正确;或是付诸行动,经观察实验而求得正确的结果.在验证期,创造者需要经过无数次地存优汰劣,才能使创造结果达到完美的地步.

3. 解题思维过程的三个层次

心理学研究表明,人们解决问题的思维过程是分层次进行的.总是先粗后细,先一般后具体,先对问题做一个粗略的思考,然后逐步深入到实质与细节,或者先做大范围的搜索,然后再逐步收缩包围圈.K.邓肯尔提出的范围渐趋缩小的汇总模式,把思维过程分为一般性解决、功能性解决、特殊性解决这样三个层次.罗增儒教授在其专著《数学解题学引论》中,将K.邓肯尔的三个层次在数学解题思维过程中的作用解释为:

(1) 一般性解决.即在策略水平上的解决,以明确解题的总体方向,这是对思考作定向调控;

（2）功能性解决. 即在数学方法水平上的解决,以确定具有解决功能的解题手段,这是对解题方法作方法选择；

（3）特殊性解决. 即在数学技能水平上的解决,以进一步缩小功能解决的途径,这是对技巧做实际完成.

例8(1992年全国高考题) 已知椭圆 $\dfrac{x^2}{a^2} + \dfrac{y^2}{b^2} = 1(a > b > 0)$, A,B 是椭圆上的两点,线段 AB 的垂直平分线与 x 轴交于 $P(x_0, 0)$,证明

$$-\dfrac{a^2 - b^2}{a} < x_0 < \dfrac{a^2 - b^2}{a}$$

思维过程分析(解略)

① 一般性解决——问题求解须将 x_0 表示为某变量的函数,求值域

② 功能性解决——可通过求 x_0 的表达式,并确定自变量的取值范围

③ 特殊性解决——求 x_0 的表达式的方法的确定

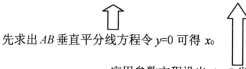

先求出 AB 垂直平分线方程令 $y=0$ 可得 x_0

应用参数方程设出 A,B 坐标,根据 $PA=PB$ 求得 x_0

4. 解题过程的思维监控

解题过程的成败,还跟解题者在解题过程的思维监控有关.

数学解题的思维监控是一种认知监控,或者称为"元认知". 所谓认知监控是指在自我认知的系统内准确评估信息过程的能力. 在心理学中,元认知被简单地表述为"关于认知的认知". 数学解题过程的思维监控就是指"对解题活动的自我反省、自我调节、自我监控和自我评估".

涂荣豹教授从波利亚数学解题元认知思想中,抽取出组成思维监控的几个主要因素有:控制、监察、预见、调节和评价.

控制,即在解题过程中,对如何入手、如何选取策略等做出基本计划和安排；监

察,即监视和考察.在解题过程中,密切关注解题进程,保持良好的批判性,以高度的警觉审视解题的每一历程;预见,即在数学解题整个过程随时估计自己的处境,判断问题的性质,展望问题的前景;调节,即根据监察的结果及预见,及时调整解题进程,转换思考的角度,甚至更改解题策略;评价,即以"理解性"和"发展性"标准来认识自己解题的收获总结解题的经验教训,反思成败得失的原因.

例9 已知抛物线 $y^2 = 2px$,过 $M(a,0)(p,a>0)$ 作直线交抛物线于 A,B 两点(图1.4),求 $S_{\triangle AOB}$ 的最小值(O 为原点).

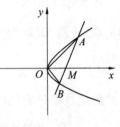

图1.4

分析与解 通常解法是设直线 AB 的方程为 $y = k(x-a)$ 来求解.

观察图形,当 AB 绕点 M 转动时,不妨大胆猜测 $\triangle AOB$ 面积最小时的情形,若能事先预见当 $AB \perp x$ 轴时很可能就是所求情形,就应该将直线 AB 的方程调整为 $x - a = ty$,这样可以避免斜率不存在带来的不便.

在解题过程中,还会遇到一些问题需要我们灵活选择:

$\triangle AOB$ 的面积 S 如何表示出来? 我们面临着多种方案:$S = \frac{1}{2}ah$,$S = \frac{1}{2}ab\sin\theta$,…,根据图形的特点,$S = \frac{1}{2}OM \cdot (|y_1| + |y_2|)$ 是最佳选择.

将 $x - a = ty$ 代入抛物线方程是消去 x 还是消去 y? 如果注意到 $S = \frac{1}{2}OM \cdot (|y_1| + |y_2|) = \frac{1}{2}OM \cdot |y_1 - y_2|$,那就自然清楚该如何处理了.

$x = a + ty$ 代入 $y^2 = 2px$ 得,$y^2 - 2pty - 2pa = 0$,则 $|y_1 - y_2| = \sqrt{(y_1+y_2)^2 - 4y_1y_2} = 2\sqrt{p^2t^2 + 2pa}$. 则 $S = a\sqrt{p^2t^2 + 2pa}$,当 $t=0$ 时,$S_{\min} = a\sqrt{2pa}$.

上例求解过程中思维监控作用体现得很明显、很重要. 在解题过程中,我们需要养成实时监控解题思维过程的习惯,这样解题更趋于理性,从而少走弯路,提高解题效率.

例10(2004年高考试题·广东卷第22题)

设直线 l 与椭圆 $\frac{x^2}{25} + \frac{y^2}{16} = 1$ 相交于 A,B 两点,l 又与双曲线 $x^2 - y^2 = 1$ 相交于 C,

D 两点,C,D 三等分线段 AB(图 1.5). 求直线 l 的方程.

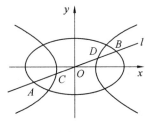

图 1.5

分析 本题是该份试卷的压轴题,足见其难度. 一般按部就班的解题步骤就是设直线方程为 $y=kx+b$,代入椭圆方程求解交点或研究根与系数的关系. 但可以预见,在随后解题中,应用题设条件"C,D 是线段 AB 的三等分点"时的计算必定复杂烦琐.

若能注意到椭圆、双曲线均关于原点和两坐标轴对称,则可以推断所求直线必然只有三种情况:平行 x 轴、平行 y 轴或经过原点. 这样,情况就简单多了.

上述分析过程体现了监察、预见、调节等思维监控在数学解题中的作用.

请读者自行完成解题.

附 例 5 解答:$199+1=25\cdot 8, 1\,990=79\cdot 25+15$. 取 $n=80$,其中 79 所各 25 人,1 所 15 人. 由于每排最多坐 7 所 25 人校,故排数不小于 $\left[\dfrac{79}{7}\right]=12$. 另一方面,逐个整校地将前 5 排占满(每排的最后一校有人暂时无座位),总共不少于 $5\cdot 200=1\,000$(人). 各排最后一校的总人数不多于 $5\cdot 39=195$,可在第 6 排就座. 因此无论各校人数如何分布,6 排必可坐下不少于 1 000 人. 12 排必可坐下不少于 2 000 人. 故保证全部学生都能坐下的最少排数是 12.

习 题 1

1. 实践解题表,求解下题:如果 3 个有相同半径的圆过一点,则通过它们的另外 3 个交点的圆具有相同的半径.

2. 你比较认同哪种解题观,试举例说明,形成小论文.

3. 求解下题,并体会解题思维过程的自我监控作用:

(1) 已知椭圆 $\dfrac{x^2}{a^2}+\dfrac{y^2}{b^2}=1(a>b>0)$ 的离心率 $e=\dfrac{\sqrt{3}}{2}$，连接椭圆的四个顶点得到的菱形的面积为 4.

（Ⅰ）求椭圆的方程；

（Ⅱ）设直线 l 与椭圆相交于不同的两点 A,B，已知点 A 的坐标为 $(-a,0)$.

（ⅰ）若 $|AB|=\dfrac{4\sqrt{2}}{5}$，求直线 l 的倾斜角；

（ⅱ）若点 $Q(0,y_0)$ 在线段 AB 的垂直平分线上，且 $\overrightarrow{QA}\cdot\overrightarrow{QB}=4$. 求 y_0 的值.

(2)（2010 年安徽高考数学文科）椭圆 E 经过点 $A(2,3)$，对称轴为坐标轴，焦点 F_1,F_2 在 x 轴上，离心率 $e=\dfrac{1}{2}$.

（Ⅰ）求椭圆 E 的方程；

（Ⅱ）求 $\angle F_1AF_2$ 的角平分线所在直线的方程.

第2章 数学解题策略

不落俗套的数学问题求解,是真正的创造性工作.

—— 波利亚

数学解题研究就是探求一般性的、带规律性的、适用范围相对广一些的解题方法或策略. 各种解题研究著作中有多种表述,有的分得比较细:解题思想、解题策略、解题方法、解题原则…… 本章研究数学解题的一些基本规律,一并称之为数学解题策略.

2.1 差 异 分 析

同一本身分裂为差异.

—— 黑格尔(《逻辑学》下卷)

数学解题的过程就是不断地消除问题的条件和解题目标之间的差异的过程,为此,需要先找出差异,然后,寻求二者之间的联系,在它们中间搭上一条解题的通道. 这就需要我们针对具体的问题,不断地变换思维的视觉,纵横联系知识体系,全方位多角度地思考问题,以使"寻找差异、发现差异、消除差异"的解题方案快速形成. 通过分析条件与结论之间的异同,并不断减少目标差来完成解题的策略,称为差异分析策略.

解析式的变形,恒等式或不等式的证明,往往需要应用差异分析策略.

例1 证明:$\dfrac{\cos^2\theta}{\cot\dfrac{\theta}{2}-\tan\dfrac{\theta}{2}}=\dfrac{1}{4}\sin 2\theta$.

分析 等式两边的差异有:角不同;函数名不同,消除差异就可得证.

证明
$$\frac{\cos^2\theta}{\cot\frac{\theta}{2}-\tan\frac{\theta}{2}} = \frac{\cos^2\theta}{\frac{1+\cos\theta}{\sin\theta}-\frac{1-\cos\theta}{\sin\theta}} =$$

$$\frac{1}{2}\sin\theta\cos\theta = \frac{1}{4}\sin2\theta$$

例2（1992年全国高考题） 已知 $\sin\beta = m\sin(2\alpha+\beta)$，求证：$\tan(\alpha+\beta) = \frac{1+m}{1-m}\tan\alpha.$

分析1 题设与欲证等式中出现的角多而且乱，将已知条件中的 β 及 $2\alpha+\beta$ 都用欲证等式中的 $\alpha+\beta$ 与 α 来表示，就把已知和求证联系起来了

$$2\alpha+\beta = \alpha+\beta+\alpha; \beta = (\alpha+\beta)-\alpha$$

角转化成了欲证等式中的形式，结论很快就得到了.

证明 由已知得 $\sin[(\alpha+\beta)-\alpha] = m\sin[(\alpha+\beta)+\alpha]$，即

$$\sin(\alpha+\beta)\cos\alpha - \cos(\alpha+\beta)\sin\alpha =$$
$$m[\sin(\alpha+\beta)\cos\alpha + \cos(\alpha+\beta)\sin\alpha]$$

整理得

$$(1-m)\sin(\alpha+\beta)\cos\alpha = (1+m)\cos(\alpha+\beta)\sin\alpha$$

所以

$$\tan(\alpha+\beta) = \frac{1+m}{1-m}\tan\alpha$$

分析2 从 m 入手. 由已知可得 $m = \frac{\sin\beta}{\sin(2\alpha+\beta)}$，直接代入欲证等式可转化为一个三角等式证明问题. 这体现了消元思想.

不过我们也可以利用比例性质得到

$$\frac{1+m}{1-m} = \frac{1+\frac{\sin\beta}{\sin(2\alpha+\beta)}}{1-\frac{\sin\beta}{\sin(2\alpha+\beta)}} = \frac{\sin(2\alpha+\beta)+\sin\beta}{\sin(2\alpha+\beta)-\sin\beta}$$

剩下的问题就是进一步证明上式等于 $\frac{\tan(\alpha+\beta)}{\tan\alpha}$. 证略.

例3 求值：$\cot10°-4\cos10°.$

分析 分析所求值的式子，估计有两条途径：一是将函数名化为相同，二是将

第 2 章　数学解题策略

非特殊角化为特殊角.

解法 1　$\cot 10° - 4\cos 10° = \dfrac{\cos 10°}{\sin 10°} - 4\cos 10° =$

$\dfrac{\cos 10° - 4\sin 10°\cos 10°}{\sin 10°} = \dfrac{\sin 80° - 2\sin 20°}{\sin 10°} =$

$\dfrac{\sin 80° - \sin 20° - \sin 20°}{\sin 10°} = \dfrac{2\cos 50°\sin 30° - \sin 20°}{\sin 10°} =$

$\dfrac{\sin 40° - \sin 20°}{\sin 10°} = \dfrac{2\cos 30°\sin 10°}{\sin 10°} = \sqrt{3}$

解法 2　$\cot 10° - 4\cos 10° = \dfrac{\cos 10°}{\sin 10°} - 4\cos 10° =$

$\dfrac{\cos 10° - 4\sin 10°\cos 10°}{\sin 10°} = \dfrac{\sin 80° - 2\sin 20°}{\sin 10°} =$

$\dfrac{2 \cdot \dfrac{1}{2}\sin 80° - 2\sin 20°}{\sin 10°} = \dfrac{2\cos 60°\sin 80° - 2\sin 20°}{\sin 10°} =$

$\dfrac{\sin 140° - \sin(-20°) - 2\sin 20°}{\sin 10°} = \dfrac{\sin 140° - \sin 20°}{\sin 10°} =$

$\dfrac{2\cos 80°\sin 60°}{\sin 10°} = \sqrt{3}$

解法 3　$\cot 10° - 4\cos 10° = \dfrac{\cos 10°}{\sin 10°} - 4\cos 10° =$

$\dfrac{\cos 10° - 4\sin 10°\cos 10°}{\sin 10°} = \dfrac{\sin 80° - 2\sin 20°}{\sin 10°} =$

$\dfrac{\sin(60° + 20°) - 2\sin 20°}{\sin 10°} =$

$\dfrac{\dfrac{\sqrt{3}}{2}\cos 20° + \dfrac{1}{2}\sin 20° - 2\sin 20°}{\sin 10°} =$

$\dfrac{\sqrt{3}\left(\dfrac{1}{2}\cos 20° - \dfrac{\sqrt{3}}{2}\sin 20°\right)}{\sin 10°} = \dfrac{\sqrt{3}\cos(60° + 20°)}{\sin 10°} = \sqrt{3}$

例 4（1994 年高考理科）　已知函数 $f(x) = \tan x, x \in \left(0, \dfrac{\pi}{2}\right)$，若 $x_1, x_2 \in$

$\left(0, \dfrac{\pi}{2}\right)$ 且 $x_1 \neq x_2$，证明：$\dfrac{1}{2}[f(x_1) + f(x_2)] > f\left(\dfrac{x_1 + x_2}{2}\right)$.

分析 1
$$\tan x_1 + \tan x_2 = \dfrac{\sin x_1}{\cos x_1} + \dfrac{\sin x_2}{\cos x_2} =$$

$$\dfrac{\sin x_1 \cos x_2 + \cos x_1 \sin x_2}{\cos x_1 \cos x_2} = \dfrac{\sin(x_1 + x_2)}{\cos x_1 \cos x_2} =$$

$$\dfrac{2\sin(x_1 + x_2)}{\cos(x_1 + x_2) + \cos(x_1 - x_2)}$$

因为
$$x_1, x_2 \in \left(0, \dfrac{\pi}{2}\right), x_1 \neq x_2$$

所以
$$2\sin(x_1 + x_2) > 0, \cos x_1 \cos x_2 > 0 \text{ 且 } 0 < \cos(x_1 - x_2) < 1$$

从而有
$$0 < \cos(x_1 + x_2) + \cos(x_1 - x_2) < 1 + \cos(x_1 + x_2)$$

由此得
$$\tan x_1 + \tan x_2 > \dfrac{2\sin(x_1 + x_2)}{1 + \cos(x_1 + x_2)}$$

所以
$$\dfrac{\tan x_1 + \tan x_2}{2} > \tan\left(\dfrac{x_1 + x_2}{2}\right)$$

即
$$\dfrac{f(x_1) + f(x_2)}{2} > f\left(\dfrac{x_1 + x_2}{2}\right)$$

分析 2 欲证不等式即为 $\dfrac{1}{2}(\tan x_1 + \tan x_2) > \tan\dfrac{x_1 + x_2}{2}$.

两边的差异是角不同，根据公式

$$\tan x_1 = \dfrac{2\tan \dfrac{x_1}{2}}{1 - \tan^2 \dfrac{x_1}{2}}, \quad \tan\dfrac{x_1 + x_2}{2} = \dfrac{\tan \dfrac{x_1}{2} + \tan \dfrac{x_2}{2}}{1 - \tan \dfrac{x_1}{2} \tan \dfrac{x_2}{2}}$$

可以统一化为仅含有 $\tan\frac{x_1}{2}$ 与 $\tan\frac{x_2}{2}$ 的不等式,令 $\tan\frac{x_1}{2}=a$,$\tan\frac{x_2}{2}=b$,可简化为关于 a,b 的不等式.

此方法请读者自行完成.

例 5 已知正数 a,b,c,A,B,C 满足条件 $a+A=b+B=c+C=k$,求证:$aB+bC+cA<k^2$.

分析 1 观察欲证不等式 $aB+bC+cA<k^2$,两边差异较大.

一种消除差异的办法,是将右边的"k^2"写成三个式子 $(a+A),(b+B),(c+C)$ 中任意两个之乘积,但与左边"$aB+bC+cA$"含有所有字母相比,仍显得不够完整.

为了让 a,b,c,A,B,C 全部出现,将右边变为 $k^3=(a+A)(b+B)(c+C)$ 就是一个两全其美的方法. 只需将欲证不等式化为

$$k(aB+bC+cA)<k^3=(a+A)(b+B)(c+C)$$

证明 $k^3=(a+A)(b+B)(c+C)=$
$(ab+aB+Ab+AB)(c+C)=$
$abc+abC+aB(c+C)+Abc+AbC+ABc+ABC=$
$aB(c+C)+bC(a+A)+cA(b+B)+abc+ABC=$
$k(aB+bC+cA)+abc+ABC>k(aB+bC+cA)$

即

$$aB+bC+cA<k^2$$

分析与证 2 先保持欲证不等式两边部分一致,用"$a+A$"代替不等式 $aB+bC+cA<k^2$ 右边的一个"k",即要证明

$$aB+bC+cA<k^2=k(a+A)=ak+kA$$

注意到显然有 $a,b,c,A,B,C<k$.

因 $B<k$,则 $aB<ak$. 只需证明 $bC+cA\leq kA$ 就行了.

而 $kA=(c+C)A=cA+CA$,因此只需证明 $bC\leq AC$,即 $b\leq A$.

因 a,b,c,A,B,C 六个数中必有一个最大,不妨设 A 最大,即得证.

分析 3 不等式左边是二次三项式,联想到三角形的面积,可以构造以 k 为边长的正 $\triangle PQR$(如图 2.1),在边上取 L,M,N,根据已知条件,使 $QL=A,LR=a$,

$RM = B, MP = b, PN = C, NQ = c$. 则

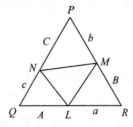

图 2.1

$$S_{\triangle LRM} = \frac{1}{2}aB\sin 60°$$

$$S_{\triangle NQL} = \frac{1}{2}cA\sin 60°$$

$$S_{\triangle MPN} = \frac{1}{2}bC\sin 60°$$

$$S_{\triangle PQR} = \frac{1}{2}kk\sin 60°$$

由图显见 $S_{\triangle LRM} + S_{\triangle MPN} + S_{\triangle NQL} < S_{\triangle PQR}$. 所以

$$\frac{1}{2}aB\sin 60° + \frac{1}{2}bC\sin 60° + \frac{1}{2}cA\sin 60° < \frac{1}{2}k^2\sin 60°$$

即

$$aB + bC + cA < k^2$$

例6(托勒密(Ptolemy)定理)

圆内接四边形的两组对边乘积之和等于其对角线乘积.

分析 如图2.2,即要证 $AC \cdot BD = AB \cdot CD + AD \cdot BC$.

观察等式两边,发现差异在于:右边是两项之和而左边只有一项. 为消除此差异,可设法把 $AC \cdot BD$ 拆成两部分,如把 AC 写成 $AE + EC$, 这样, $AC \cdot BD$ 就拆成了两部分: $AE \cdot BD$ 及 $EC \cdot BD$, 于是只要证明 $AE \cdot BD = AD \cdot BC$ 及 $EC \cdot BD = AB \cdot CD$ 即可, 而这样的等式是常见的比例线段证明问题. 更重要的是, 这一想法提示了我们如何作辅助线.

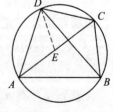

图 2.2

证明 在 AC 上取点 E,使 $\angle ADE = \angle BDC$,由 $\angle DAE = \angle DBC$,得 $\triangle AED \backsim \triangle BCD$. 所以
$$AE : BC = AD : BD$$
即
$$AE \cdot BD = AD \cdot BC \qquad ①$$
又 $\angle ADB = \angle EDC$,$\angle ABD = \angle ECD$,得 $\triangle ABD \backsim \triangle ECD$.
所以
$$AB : EC = BD : CD$$
即
$$EC \cdot BD = AB \cdot CD \qquad ②$$
① + ②,得
$$AC \cdot BD = AB \cdot CD + AD \cdot BC$$

应用数学归纳法证明关于自然数 n 的命题(等式或不等式)时,一般都是在证明 $n = k + 1$ 时的结论较困难. 然而,我们其实清楚欲证的结论是一个什么式子,这时,差异分析策略就很实用.

例 7 已知 $f(n) = 1 + \dfrac{1}{2} + \dfrac{1}{3} + \cdots + \dfrac{1}{n}$,求证:

(1) $f(n) - f(m) \geqslant \dfrac{n - m}{n} (n > m)$;

(2) $f(2^n) > \dfrac{n + 2}{2} (n > 1)$.

分析与证明 (1) $f(n) - f(m) = \dfrac{1}{m + 1} + \dfrac{1}{m + 2} + \cdots + \dfrac{1}{n}$.

如果能注意到不等式右边为 $\dfrac{n - m}{n} = \underbrace{\dfrac{1}{n} + \dfrac{1}{n} + \cdots + \dfrac{1}{n}}_{(n-m)\text{个}}$. 则不难想到如下的放缩法证明

$$f(n) - f(m) = \dfrac{1}{m + 1} + \dfrac{1}{m + 2} + \cdots + \dfrac{1}{n} \geqslant$$
$$\dfrac{1}{n} + \dfrac{1}{n} + \cdots + \dfrac{1}{n} = \dfrac{n - m}{n}$$

(2) 用数学归纳法证明.

（Ⅰ）$n=2$ 时，$f(2^2)=1+\dfrac{1}{2}+\dfrac{1}{3}+\dfrac{1}{4}=\dfrac{25}{12}>\dfrac{2+2}{2}$ 成立.

（Ⅱ）假设 $n=k$ 时，命题成立，即有

$$f(2^k)=1+\dfrac{1}{2}+\dfrac{1}{3}+\cdots+\dfrac{1}{2^k}>\dfrac{k+2}{2}$$

当 $n=k+1$ 时，有

$$f(2^{k+1})=1+\dfrac{1}{2}+\dfrac{1}{3}+\cdots+\dfrac{1}{2^k}+\dfrac{1}{2^k+1}+\dfrac{1}{2^k+2}+\cdots+\dfrac{1}{2^{k+1}}=$$

$$f(2^k)+\dfrac{1}{2^k+1}+\dfrac{1}{2^k+2}+\cdots+\dfrac{1}{2^{k+1}}>$$

$$\dfrac{k+2}{2}+2^k\dfrac{1}{2^{k+1}}=\dfrac{k+3}{2}$$

即 $n=k+1$ 时命题成立. 证毕.

评注 第(2)小题证明的困难，毫无疑问是最后的放缩法这一步. 事实上，由于

$$f(2^k)+\dfrac{1}{2^k+1}+\dfrac{1}{2^k+2}+\cdots+\dfrac{1}{2^{k+1}}>$$

$$\dfrac{k+2}{2}+\dfrac{1}{2^k+1}+\dfrac{1}{2^k+2}+\cdots+\dfrac{1}{2^{k+1}}$$

只要注意上式右边与目标 $\dfrac{k+3}{2}$ 的差异，就很快清楚只需证 $\dfrac{k+2}{2}+\dfrac{1}{2^k+1}+\dfrac{1}{2^k+2}+\cdots+\dfrac{1}{2^{k+1}}\geqslant\dfrac{k+3}{2}$，即只需证

$$\dfrac{1}{2^k+1}+\dfrac{1}{2^k+2}+\cdots+\dfrac{1}{2^{k+1}}\geqslant\dfrac{1}{2}$$

至此，该如何放缩已十分明显了.

习题 2.1

1. 已知：$\tan 2\theta=-2\sqrt{2}$，$\pi<2\theta<2\pi$，求值

$$\frac{2\cos^2\frac{\theta}{2}-\sin\theta-1}{\sqrt{2}\sin(\theta+\frac{\pi}{4})}$$

2. 已知 $f(\sin x)=\cos 2x-1$, 求 $f(x)$.

3. 求函数 $f(x)=\dfrac{x^2+x-1}{x+2}$ 的值域.

4. 已知, $a_n=2^n-1$, 证明

$$\frac{n}{2}-\frac{1}{3}<\frac{a_1}{a_2}+\frac{a_2}{a_3}+\cdots+\frac{a_n}{a_{n+1}}<\frac{n}{2}(n\in\mathbf{N}^*)$$

5. 证明:在四边形 $ABCD$ 中,有

$$AB\cdot CD+AD\cdot BC\geqslant AC\cdot BD$$

当且仅当 $ABCD$ 是圆内接四边形时等号成立.

6. (2010 年全国卷 I) 设 $a=\log_3 2, b=\ln 2, c=5^{-\frac{1}{2}}$, 则( ).

(A) $a<b<c$ (B) $b<c<a$

(C) $c<a<b$ (D) $c<b<a$

7. 在 $\triangle ABC$ 中, a,b,c 分别是 A,B,C 的对边,且

$$\frac{\cos B}{\cos C}=-\frac{b}{2a+c}$$

(1) 求角 B 的大小;

(2) 若 $b=\sqrt{13}, a+c=4$, 求 a 的值.

8. (2004 年湖北卷) 已知 $6\sin^2\alpha+\sin\alpha\cos\alpha-2\cos^2\alpha=0, \alpha\in[\frac{\pi}{2},\pi]$, 求 $\sin(2\alpha+\frac{\pi}{3})$ 的值.

2.2 类比联想

我珍视类比胜于任何别的东西,它是我最可信赖的老师,它能揭示自然的奥秘……

——开普勒

想象力比知识更重要,因为知识是有限的,而想象力概括着世界一切并推动着进步.

—— 爱因斯坦

波利亚解题思想注重联想. 他说,在解题活动中我们要设法"预测到解,或解的某些特征,或某一条通向它的小路""回忆起某些有用的东西,把有关知识动员起来". 而这种预测和回忆就离不开联想,如果在思考问题时通过联想产生这种预见,我们把它称为有启发性的想法或灵感. 波利亚称想出一个"好念头"是一种灵感活动,也是一种联想思维过程.

有的数学问题可能具有某种特征,如形式、结构上有某种特点,抓住这些特征联想、类比,发现解题方法,或联系到其他知识,转为用其他方法处理. 这一解题策略要求思维的发散及丰富的想象力,当然,解题者必须熟练掌握各类知识并能融会贯通.

例1(2006年高考北京卷) 在下列四个函数中,满足性质:"对于区间$(1,2)$上的任意$x_1,x_2(x_1 \neq x_2)$. $|f(x_2) - f(x_1)| < |x_2 - x_1|$恒成立"的只有( )

(A)$f(x) = \dfrac{1}{x}$ (B)$f(x) = |x|$

(C)$f(x) = 2^x$ (D)$f(x) = x^2$

分析与解 一般考虑将函数代入验证解题. 但不等式$|f(x_2) - f(x_1)| < |x_2 - x_1|$可变为$\left|\dfrac{f(x_2) - f(x_1)}{x_2 - x_1}\right| < 1$,从形式的特征联想到斜率公式$|k| = \left|\dfrac{y_2 - y_1}{x_2 - x_1}\right| < 1$,根据图像特点很容易得到正确答案为(A).

例2 已知:$a\sqrt{1 - b^2} + b\sqrt{1 - a^2} = 1$,求证:$a^2 + b^2 = 1$.

分析 一般方法是两边平方化简证明,运算有点烦琐. 展开想象力可以发现几种巧妙证法.

证法1(联想向量数量积坐标公式)

设有两点$A(a,\sqrt{1 - a^2}),B(\sqrt{1 - b^2},b)$,则易知$A,B$两点均在单位圆上.

依题设知,$\overrightarrow{OA} \cdot \overrightarrow{OB} = 1$,表明$A,B$两点重合为一点,其坐标为$(a,b)$,则有$a^2 +$

$b^2 = 1$.

证法 2(联想点到直线的距离公式. 证法虽不漂亮,但仍有启发性)

因为 $a\sqrt{1-b^2} + b\sqrt{1-a^2} = 1$ 可以变成

$$\frac{|a\sqrt{1-b^2} + b\sqrt{1-a^2}|}{\sqrt{a^2 + (1-a^2)}} = 1$$

对照点 (x_0, y_0) 到直线 $Ax + By = 0$ 的距离公式 $d = \frac{|Ax_0 + By_0|}{\sqrt{A^2 + B^2}}$ 可知,点 $B(\sqrt{1-b^2}, b)$(在单位圆上)到直线 $L: ax + \sqrt{1-a^2}\, y = 0$(经过原点 O)的距离等于 1,必有 $OB \perp L$,则 $\frac{b}{\sqrt{1-b^2}} \cdot \frac{a}{\sqrt{1-a^2}} = 1$. 平方化简即得 $a^2 + b^2 = 1$.

证法 3(联想柯西不等式) 根据柯西不等式有

$$1 = \left(a \cdot \sqrt{1-b^2} + \sqrt{1-a^2} \cdot b\right)^2 \leqslant$$
$$[a^2 + (1-a^2)][(1-b^2) + b^2] = 1$$

由柯西不等式取等号的条件知 $\frac{a}{\sqrt{1-a^2}} = \frac{\sqrt{1-b^2}}{b}$. 同证法 2,平方化简即得证.

证法 4(联想圆的切线方程) 过单位圆 $x^2 + y^2 = 1$ 上一点 (x_0, y_0) 的切线方程是 $x_0 x + y_0 y = 1$.

点 $B(\sqrt{1-b^2}, b)$ 在单位圆上,过点 B 的切线方程为

$$\sqrt{1-b^2}\, x + by = 1$$

则题设 $a\sqrt{1-b^2} + b\sqrt{1-a^2} = 1$ 表明点 $A(a, \sqrt{1-a^2})$ 在切线上,由切点的唯一性知 A, B 两点重合为一点,则有 $a = \sqrt{1-b^2}$ 即 $a^2 + b^2 = 1$.

例 3 已知 a, b, c 为正实数,满足 $a^2 + b^2 = c^2$. n 为正整数且 $n \geqslant 3$. 证明:$a^n + b^n < c^n$.

分析与证明 由 $a^2 + b^2 = c^2$ 联想到勾股定理,进一步联想到直角三角形中可以用三角函数表示两边之比,于是得下面的证法:

因为 $a^2 + b^2 = c^2$,a, b, c 可以构成直角三角形的三边(c 为斜边),设 a, b, c 所对角为 A, B, C,则欲证不等式

$$a^n+b^n<c^n \Leftrightarrow \left(\frac{a}{c}\right)^n+\left(\frac{b}{c}\right)^n<1 \Leftrightarrow \sin^n A+\sin^n B<1$$

因 $0<\sin A,\sin B<1$,而 $n\geqslant 3>2$,所以有
$$\sin^n A+\sin^n B<\sin^2 A+\sin^2 B=1$$

例4 x,y,z 为正数,证明
$$\sqrt{x^2-xy+y^2}+\sqrt{y^2-yz+z^2}>\sqrt{z^2-zx+x^2}$$

分析与证明 最容易想到的办法是两边平方去根号,但可以预见的复杂程度令我们打消这一念头而另寻他法.

从整体结构上看,为"$a+b>c$"型,联想到三角形中"两边之和大于第三边",就有下面的构造法证明.

如图 2.3,三棱锥中,设三条侧棱长分别为 x,y,z,两两成 $60°$,则底面三角形中有 $a+b>c$,即

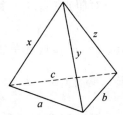

图 2.3

$$\sqrt{x^2-xy+y^2}+\sqrt{y^2-yz+z^2}>\sqrt{z^2-zx+x^2}$$

读者还可以做练习第 3 题.

例5 $a,b,c\in \mathbf{R}$,求证
$$\frac{|a+b+c|}{1+|a+b+c|}\leqslant \frac{|a|}{1+|a|}+\frac{|b|}{1+|b|}+\frac{|c|}{1+|c|}$$

分析与证明 欲证不等式两边结构相同,其模型为函数
$$f(x)=\frac{x}{1+x}$$

欲证 $f(|a+b+c|)\leqslant f(|a|)+f(|b|)+f(|c|)$.

由于有 $|a+b+c|\leqslant |a|+|b|+|c|$,又易知 $f(x)=\dfrac{x}{1+x}$ 为增函数,因此有
$$f(|a+b+c|)\leqslant f(|a|+|b|+|c|)$$

即有

$$\frac{|a+b+c|}{1+|a+b+c|}\leqslant \frac{|a|+|b|+|c|}{1+|a|+|b|+|c|}=$$

$$\frac{|a|}{1+|a|+|b|+|c|}+\frac{|b|}{1+|a|+|b|+|c|}+\frac{|c|}{1+|a|+|b|+|c|}\leqslant$$

$$\frac{|a|}{1+|a|}+\frac{|b|}{1+|b|}+\frac{|c|}{1+|c|}$$

例6 已知 a,b,c 是互不相等的实数,且 $a(y-z)+b(z-x)+c(x-y)=0$,求证:$\dfrac{x-y}{a-b}=\dfrac{y-z}{b-c}=\dfrac{z-x}{c-a}$.

证法1 题设中等式变形为
$$a(y-z)+b(z-x)+c(x-z+z-y)=0$$
由 $(b-c)(z-x)=(c-a)(y-z)$,即 $\dfrac{y-z}{b-c}=\dfrac{z-x}{c-a}$,前一等式可以类似的得到.

证法2 由结论 $\dfrac{x-y}{a-b}=\dfrac{y-z}{b-c}=\dfrac{z-x}{c-a}$ 可以联想到斜率公式,即欲证 $A(a,x)$,$B(b,y)$,$C(c,z)$ 三点中每两点连线的斜率相等,也就是要证明这三点共线.

而已知 $a(y-z)+b(z-x)+c(x-y)=0$ 就是
$$\begin{vmatrix} a & x & 1 \\ b & y & 1 \\ c & z & 1 \end{vmatrix}=0$$
表明三点 $A(a,x),B(b,y),C(c,z)$ 共线. 得证.

我们还可以做其他联想:先换元,令 $y-z=X,z-x=Y,x-y=Z$. 则题目变为已知:$aX+bY+cZ=0$,求证:$\dfrac{X}{b-c}=\dfrac{Y}{c-a}=\dfrac{Z}{a-b}$.

由此可以联想向量的数量积、空间的平面方程、直线方程等.

当然,每一种联想不一定都能得到巧妙简洁的解题方法,也不一定对解题都有帮助. 但是我们解题时需要这种想象力、这种发散的思维方式.

例7 三个正数 a,b,c 成等差数列,且公差不为 0,求证:它们的倒数 $\dfrac{1}{a},\dfrac{1}{b},\dfrac{1}{c}$ 不可能成等差数列.

证法1 假设 $\dfrac{1}{a},\dfrac{1}{b},\dfrac{1}{c}$ 成等差数列,则有
$$\dfrac{1}{a}+\dfrac{1}{c}=\dfrac{2}{b} \qquad ①$$
设等差数列 a,b,c 的公差为 d,则 $a=b-d,c=b+d$.

则由 ① 知 $\dfrac{1}{a}+\dfrac{1}{c}=\dfrac{1}{b-d}+\dfrac{1}{b+d}=\dfrac{2b}{b^2-d^2}=\dfrac{2}{b}$,得 $d^2=0$,故 $d=0$. 与题设矛

盾.

表明,$\frac{1}{a},\frac{1}{b},\frac{1}{c}$ 不可能成等差数列.

证法 2 假设 $\frac{1}{a},\frac{1}{b},\frac{1}{c}$ 成等差数列,由题设及假设得

$$\begin{cases} b = \dfrac{a+c}{2} & \text{①} \\ \dfrac{1}{b} = \dfrac{\dfrac{1}{a}+\dfrac{1}{c}}{2} & \text{②} \end{cases}$$

上述二式可联想到线段的中点坐标公式.

即有点 $B(b,\frac{1}{b})$ 是两点 $A(a,\frac{1}{a})$,$C(c,\frac{1}{c})$ 连线的中点,表明 A,B,C 三点共线.但 A,B,C 均在双曲线 $y=\frac{1}{x}$ 上,因此必有两点重合,则 $a=b$ 或 $b=c$ 或 $c=a$,这与已知公差不为 0 相矛盾.所以 $\frac{1}{a},\frac{1}{b},\frac{1}{c}$ 不可能成等差数列.

例 8 α,β 为锐角,且

$$\begin{cases} 3\cos 2\alpha + 2\cos 2\beta = 3 & \text{①} \\ 3\sin 2\alpha - 2\sin 2\beta = 0 & \text{②} \end{cases}$$

求证:$\alpha + 2\beta = \frac{\pi}{2}$.

分析 1 利用正余弦之间的平方关系进行三角变形,同时还须考虑到结论与条件中角的差异.

证法 1 由已知得 $\begin{cases} 2\cos 2\beta = 3(1-\cos 2\alpha) = 6\sin^2\alpha \\ 2\sin 2\beta = 3\sin 2\alpha = 6\sin\alpha\cos\alpha \end{cases}$,两式相除得 $\cot 2\beta = \tan\alpha$(大于 0,因而 2β 也是锐角),所以 $\alpha + 2\beta = \frac{\pi}{2}$.

分析 2 将已知条件②稍作变形为 $\frac{2}{\sin 2\alpha} = \frac{3}{\sin 2\beta}$.从这一等式可以联想到三角形中的正弦定理 $\frac{a}{\sin A} = \frac{b}{\sin B}$.

构造三角形如图 2.4 所示,则另一等式 $3\cos 2\alpha + 2\cos 2\beta = 3$ 也有其几何意

义——射影定理.

证法 2 因 α,β 为锐角,所以 $2\alpha,2\beta \in (0,\pi)$.

由 ① 可知,$2\alpha,2\beta$ 均为锐角,否则 $3\cos 2\alpha + 2\cos 2\beta < 3$.

如图 2.4,设 $\triangle ABC$ 中,$A = 2\alpha, C = 2\beta, AB = 3, BC = 2$,则 $\triangle ABC$ 满足条件 ②. 根据式 ① 及三角形射影定理可知

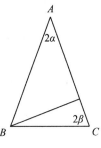

图 2.4

$$AC = 3\cos 2\alpha + 2\cos 2\beta = 3 = AB$$

表明 $\triangle ABC$ 是等腰三角形.因此有 $2\alpha + 4\beta = \pi$,即

$$\alpha + 2\beta = \frac{\pi}{2}$$

习 题 2.2

1. 如图,$PA = PB, \angle APB = 2\angle ACB$. AC 与 PB 交于 D,$PB = 4, PD = 3$,求 $AD \cdot DC$ 的值(2001 年全国初中数学联赛试题).

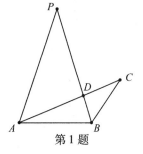

第1题

2. 已知:$\dfrac{\sqrt{2}b - 2c}{a} = 1$,求证:$b^2 \geqslant 4ac$.

3. x,y,z 为正数,证明
$$\sqrt{x^2 + xy + y^2} + \sqrt{y^2 + yz + z^2} > \sqrt{z^2 + zx + x^2}$$

4. 设 x,y 为实数,且满足 $\begin{cases}(x-1)^3 + 1\,997(x-1) = -1 \\ (y-1)^3 + 1\,997(y-1) = 1\end{cases}$,则 $x + y =$ _____ .

5. 求函数 $y = \dfrac{1+\sin x}{2+\cos x}$ 的最值.

6. 设实数 x,y 满足 $3x^2 + 2y^2 \leqslant 6$,求 $p = 2x + y$ 的最大值.

7. α,β 为锐角,且 $\sin(\alpha+\beta) = 2\sin\alpha$,证明 $\alpha < \beta$.

8. 解方程 $x^3 + (1+\sqrt{2})x^2 - 2 = 0$.

9. 求满足方程组 $\begin{cases} y = 4x^3 - 3x \\ z = 4y^3 - 3y \\ x = 4z^3 - 3z \end{cases}$ 的实数 x,y,z.

10. 凸四边形 $ABCD$ 中已知 $AB + BD \leqslant AC + CD$,求证:$AB < AC$.

11. 已知 $\cos\alpha + \cos\beta + \cos\gamma = \sin\alpha + \sin\beta + \sin\gamma = 0$,求证:$\cos 2\alpha + \cos 2\beta + \cos 2\gamma = \sin 2\alpha + \sin 2\beta + \sin 2\gamma = 0$.

2.3 对　　应

在解题中,在证明中,给我们以美感的东西是什么呢? 是各部分的和谐,是它们的对称,是它们的巧妙、平衡.

—— 庞加莱

对应法,在数学方法论中也被称为关系映射反演原则,其实质是用转化的思想来寻求解题的途径. 在组合计数中,常通过建立集合之间的对应来转化问题,以化解计数的难度. 另外,对应法还体现在一些代数、三角问题中利用对称式、对偶式来解题,这种解题方法体现了数学的对称美.

一、建立对应,转换问题

在集合计数问题中,当无法直接计算或很难计算某个集合 A 的元素个数 $|A|$ 时,可以找出容易计数的集合 B,并建立自 A 到 B 的映射 $f:A \rightarrow B$,从而将问题转换为 $|B|$ 的计算问题.

利用对应解决计数问题,其关键在于选择合适的 B(便于计数),建立合适的映射关系.

设 $f:A \rightarrow B$ 为有限集 A 到有限集 B 的映射,那么

(1) 若 f 为单射,则 $|A| \leqslant |B|$;

(2) 若 f 为满射,则 $|A| \geqslant |B|$;

(3) 若 f 为一一映射,则 $|A| = |B|$.

1. 组合计数

例1 如图 2.5,圆内接多边形有 $n(n \geqslant 6)$ 个顶点,它的对角线在圆内最多有多少个交点?以这些交点为顶点、边在对角线上的三角形最多有多少个?

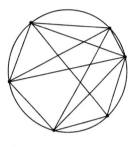

图 2.5

分析与解 我们看对角线在圆内是如何形成一个交点的. 如图 2.6(a),一个交点需两条对角线交叉相交得到,一个交点对应圆上四个点;反之,多边形的每四个顶点恰能得到一个圆内的交点.因此每四个顶点与圆内一个交点构成一一对应.共有交点数 C_n^4.

用同样方法可得三角形的个数应为 C_n^6(图 2.6(b)).

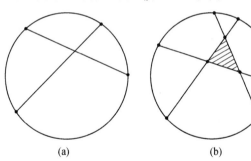

(a)　　　　　　(b)

图 2.6

例2(2005 年高考题全国卷Ⅰ)　过三棱柱的任意两个顶点的直线共 15 条,其中异面直线有(　　).

A. 18 对　　　B. 24 对　　　C. 30 对　　　D. 36 对

分析与解　1 对异面直线涉及不共面的 4 个点,不共面的 4 个点确定一个四面体,每一个四面体确定 3 对异面直线(3 对对棱).这样,不共面的 4 点与一个四面体及 3 对异面直线之间建立了一一对应.

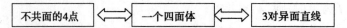

不共面的4点 ⟺ 一个四面体 ⟺ 3对异面直线

所以共有异面直线:$(C_6^4 - 3) \times 3 = 36$(对).

例3 设 $S = \{1,2,3,\cdots,n\}$,A 为至少含有两项且公差为正的等差数列,其项都在 S 中,且添加 S 的其他元素于 A 后均不能构成与 A 有相同公差的等差数列,求这种 A 的个数(这里只有两项的数列也看作是等差数列)(1991年全国高中数学联赛试题).

分析 可先对特殊的 n(如 $n = 1,2,3$)通过列举法求出 A 的个数,然后总结规律,找出等差数列的递推关系,从而解决问题;也可以就 A 的公差 $d = 1,2,\cdots,n-1$ 时,分别讨论 A 的个数. 还有一种方法就是应用对应思想.

解法1 设 n 元素集 $S = \{1,2,3,\cdots,n\}$ 中满足条件的 A 有 a_n 个,则 $a_1 = 0$,$a_2 = 1$,$a_3 = 2(A = \{1,3\},\{1,2,3\})$,$a_4 = 4(A = \{1,3\},\{1,4\},\{2,4\},\{1,2,3,4\})$,$\cdots$ 如此下去,可以发现 $a_n = a_{n-1} + \left[\dfrac{n}{2}\right]$.

事实上,$S = \{1,2,3,\cdots,n\}$ 比 $S = \{1,2,3,\cdots,n-1\}$ 的 A 增加的等差数列,公差为 $(n-1)$ 的 1 个,公差为 $(n-2)$ 的 1 个,$\cdots\cdots$,公差为 $\dfrac{n}{2}$(n 为偶数)或 $\dfrac{n+1}{2}$(n 为奇数)的增加 1 个,共增加 $\left[\dfrac{n}{2}\right]$ 个.

由 $\{a_n\}$ 的递推公式可得 $a_n = \left[\dfrac{n^2}{4}\right]$ 个.

解法2 设 A 的公差为 d,则 $1 \leqslant d \leqslant n-1$,分为两种情况讨论:

(1) 当 n 为偶数时,则当 $1 \leqslant d \leqslant \dfrac{n}{2}$ 时,公差为 d 的 A 有 d 个,当 $\dfrac{n}{2} + 1 \leqslant d \leqslant n-1$ 时,公差为 d 的 A 有 $(n-d)$ 个,故当 n 为偶数时,这种 A 共有 $\left(1 + 2 + \cdots + \dfrac{n}{2}\right) + 1 + 2 + \cdots + \left[n - \left(\dfrac{n}{2} + 1\right)\right] = \dfrac{n^2}{4}$ 个;

(2) 当 n 为奇数时,则当 $1 \leqslant d \leqslant \dfrac{n-1}{2}$ 时,公差为 d 的 A 有 d 个,当 $\dfrac{n+1}{2} \leqslant d \leqslant n-1$ 时,公差为 d 的 A 有 $(n-d)$ 个,故当 n 为奇数时,这种 A 共有 $\left(1 + 2 + \cdots + \dfrac{n-1}{2}\right) + \left(1 + 2 + \cdots + \dfrac{n-1}{2}\right) = \dfrac{n^2 - 1}{4}$ 个;

综合(1)(2)得,所求的 A 共有 $\left[\dfrac{n^2}{4}\right]$ 个.

解法3 对于 $d=2k$, A 必有连续两项,一项在 $\{1,2,\cdots,k\}$,另一项在 $\{k,k+1,\cdots,n\}$ 中,反之,从 $\{1,2,\cdots,k\}$ 中减去一个数,$\{k,k+1,\cdots,n\}$ 中任取一个数,以这两个数的差为公差可作出一个 A,这个对应是一一对应.

由此可知 A 的个数为 $k^2=\dfrac{n^2}{4}$.

对于 $d=2k+1$,情况类似,但须注意集合 $\{k,k+1,\cdots,n\}$ 中有 $k+1$ 个数,故 A 的个数为 $k(k+1)=\dfrac{n^2-1}{4}$.

2. 不定方程整数解问题

例4 (1) 不定方程 $x_1+x_2+x_3=9$ 有多少个正整数解?

(2) 不定方程 $x_1+x_2+x_3=9$ 有多少个非负整数解?

分析与解 (1) 方程的一个解对应着9个小球分成三堆(每堆至少一个球)的分法,用"隔板法":在9个小球之间的8个"空档"中选2个插入隔板,有 C_8^2 种方法,即原方程有 C_8^2 个正整数解.

一般地,不定方程 $x_1+x_2+\cdots+x_n=r(r\geq n)$ 共有 C_{r-1}^{n-1} 个正整数解.

(2) 求非负整数解的个数若还用上面的"隔板法"则十分麻烦.

能否化"求非负整数解"为"求正整数解"?利用对应可以实现转化.

令 $y_i=x_i+1(i=1,2,3)$,则
$$x_1+x_2+x_3=9 \qquad ①$$
$$y_1+y_2+y_3=12 \qquad ②$$
方程①的非负整数解与方程②的正整数解之间有一一对应关系.

因此,所求个数等于方程②的正整数解个数 C_{11}^2.

一般地,不定方程 $x_1+x_2+\cdots+x_n=r$ 共有 C_{r+n-1}^{n-1} 即 C_{r+n-1}^r 个非负整数解.

例5 求方程 $x_1+x_2+x_3+\cdots+x_m=n(m,n\in\mathbf{N},n\geq(m-2)r+1,r\in\mathbf{Z})$ 满足 $x_1\geq 1,x_i\geq r,i=2,3,\cdots,m-1,x_m\geq 0$ 的整数解的个数.

分析与解 可转化为例4的正整数解个数问题.令 $x'_1=x_1\geq 1,x'_i=x_i-r+1\geq 1(i=2,3,\cdots,m-1),x'_m=x_m+1\geq 1$.

那么原方程可以变形为
$$x'_1 + x'_2 + x'_3 + \cdots + x'_m = n - (m-2)(r-1) + 1$$
于是可以得到合乎要求的方程的整数解的个数为：$C_{n+(r-1)(2-m)}^{m-1}$.

例6 (1)8名男生与25名女生排成一列,任意相邻2名男生之间至少有2名女生的排法有多少种?

(2)8名男生与25名女生沿圆周排成一圈,任意相邻2名男生之间至少有2名女生的排法有多少种?

解 (1)首先将8名男生排成一列,共有 $A_8^8 = 40\ 320$ 种. 8个男生之间可产生9个空格,为求女生的排法,先将这些空格所排的女生数依次记为 $x_1, x_2, x_3, \cdots, x_9$,显然有
$$x_1 + x_2 + x_3 + \cdots + x_9 = 25$$
依题设, $x_1 \geq 0, x_i \geq 2(i = 2, 3, \cdots, 8), x_9 \geq 0$.

仿照例5的处理方法,女生的插空方法数对应着方程 $x'_1 + x'_2 + x'_3 + \cdots + x'_9 = 20$ 的正整数解个数为 C_{19}^8. 而每一种插空方法对应着女生的 A_{25}^{25} 种排列.

所以所求的合乎要求的排法有：$A_8^8 C_{19}^8 A_{25}^{25}$ 种.

(2)首先考虑将8个男生排成一排,共有 A_8^8 种排列方法,先将排列好的8个男生每个男生身后再排上若干个女生,将排上的女生数依次记为 $x_1, x_2, x_3, \cdots, x_8$,显然
$$x_1 + x_2 + \cdots + x_8 = 25$$
其中 $x_i \geq 2(i = 1, 2, \cdots, 8)$,由前面的例子可知,方程合乎要求的解有 C_{16}^7 组,对于每一组合乎要求的解对应着 A_{25}^{25} 种合乎要求的女生的排列,组成圆排列时,合乎要求的方法种数一共有
$$\frac{1}{8} \cdot C_{16}^7 A_8^8 A_{25}^{25} = C_{16}^7 A_7^7 A_{25}^{25}(\text{种})$$

二、构造对偶式,辅助解题

德国教育学家魏尔曾说:"美与对称性紧密相关[①]". 对称是最能给人以美感的

---

① H.魏尔.对称[M].北京:商务印书馆,1986.

一种形式,它是整体中各个部分之间的匀称和对等.在数学上常常表现为数式或图形的对称,命题或结构的对偶或对应. 在数学解题过程中,若能积极挖掘问题中隐含的对称性,巧妙地利用对称性,可使复杂的问题变得条理清楚,脉络分明,能化难为易、化繁为简.

构造对偶式解题在三角函数问题中比较多见. 根据已知三角式构造出一个与其成对偶关系的式子,再联立变形,往往可以快速获解.

例 7 求 $\cos\dfrac{2\pi}{5} + \cos\dfrac{4\pi}{5}$ 的值.

解 设原式 $= \cos\dfrac{2\pi}{5} + \cos\dfrac{4\pi}{5} = A$,其对偶式为:$\cos\dfrac{2\pi}{5} - \cos\dfrac{4\pi}{5} = B$,有

$$A \cdot B = \cos^2\dfrac{2\pi}{5} - \cos^2\dfrac{4\pi}{5} =$$

$$\dfrac{1}{2}(1 + \cos\dfrac{4\pi}{5}) - \dfrac{1}{2}(1 + \cos\dfrac{8\pi}{5}) =$$

$$\dfrac{1}{2}(\cos\dfrac{4\pi}{5} - \cos\dfrac{2\pi}{5}) = -\dfrac{1}{2}B$$

因为 $B \neq 0$,所以 $A = -\dfrac{1}{2}$.

例 8 化简:$\cos^3\alpha\cos 3\alpha + \sin^3\alpha\sin 3\alpha$.

解 设原式 $= \cos^3\alpha\cos 3\alpha + \sin^3\alpha\sin 3\alpha = A$,其对偶式为
$$\sin^2\alpha\cos\alpha\cos 3\alpha + \cos^2\alpha\sin\alpha\sin 3\alpha = B$$

则

$$A + B = \cos\alpha\cos 3\alpha + \sin\alpha\sin 3\alpha = \cos 2\alpha \qquad ①$$

$$A - B = \cos 2\alpha\cos\alpha\cos 3\alpha - \cos 2\alpha\sin\alpha\sin 3\alpha =$$
$$\cos 2\alpha(\cos\alpha\cos 3\alpha - \sin\alpha\sin 3\alpha) =$$
$$\cos 2\alpha\cos 4\alpha \qquad ②$$

① + ② 得

$$2A = \cos 2\alpha(1 + \cos 4\alpha) = 2\cos 2\alpha\cos^2 2\alpha = 2\cos^3 2\alpha$$

即原式 $= \cos^3 2\alpha$.

例 9 求证:$2\sin^4 x + 3\sin^2 x\cos^2 x + 5\cos^4 x \leqslant 5$(1994 年全国高中联赛题).

证明 设 $A = 2\sin^4 x + 3\sin^2 x\cos^2 x + 5\cos^4 x$,$B = 2\cos^4 x + 3\cos^2 x\sin^2 x + 5\sin^4 x$,

则
$$A + B = 7(\sin^4 x + \cos^4 x) + 6\sin^2 x\cos^2 x =$$
$$7(\sin^2 x + \cos^2 x)^2 - 8\sin^2 x\cos^2 x =$$
$$7 - 2\sin^2 2x = 5 + 2\cos^2 2x \qquad ①$$
$$A - B = 3(\cos^4 x - \sin^4 x) = 3(\cos^2 x - \sin^2 x) = 3\cos 2x$$

① + ② 得
$$2A = 5 + 2\cos^2 2x + 3\cos 2x = 5 + 2\left[\left(\cos 2x + \frac{3}{4}\right)^2 - \frac{9}{16}\right] \leqslant$$
$$5 + 2\left[\left(1 + \frac{3}{4}\right)^2 - \frac{9}{16}\right] = 10$$

所以 $A \leqslant 5$.

例 10 求值 $\sin 10°\sin 30°\sin 50°\sin 70°$（1987 全国高考题）.

分析与解 一般考虑积化和差公式求解.

还有一种解法是化为 $\frac{1}{2}\cos 20°\cos 40°\cos 80°$ 之后运用倍角公式变形求值.

这里介绍一种构造与原式相对应的"对偶式"的巧妙解法：

令
$$A = \sin 10°\sin 30°\sin 50°\sin 70°$$
$$B = \cos 10°\cos 30°\cos 50°\cos 70°$$

则由二倍角公式得
$$16AB = \sin 20°\sin 60°\sin 100°\sin 140° =$$
$$\sin 20°\sin 60°\sin 80°\sin 40° =$$
$$\cos 10°\cos 30°\cos 50°\cos 70° = B$$

所以
$$A = \frac{1}{16}$$

例 11 函数 $y = (a\cos x + b\sin x)\cos x$ 有最大值 2，最小值 −1，则实数 $a = $ _____, $b = $ _____.

解 由于
$$y = (a\cos x + b\sin x)\cos x = a\cos^2 x + b\sin x\cos x$$

构造对偶式
$$z = a\sin^2 x + b\sin x\cos x$$
则
$$y + z = a + 2b\sin x\cos x, y - z = a\cos 2x$$
两式相加,得
$$y = \frac{1}{2}a + \frac{1}{2}a\cos 2x + \frac{1}{2}b\sin 2x =$$
$$\frac{1}{2}a + \frac{1}{2}\sqrt{a^2 + b^2}\sin(2x + \varphi)$$
$$(其中 \tan\varphi = \frac{a}{b})$$
所以
$$\frac{1}{2}a + \frac{1}{2}\sqrt{a^2 + b^2} = 2, \frac{1}{2}a - \frac{1}{2}\sqrt{a^2 + b^2} = -1$$
解得 $a = 1, b = \pm 2\sqrt{2}$.

从以上几例可以看出,此种解法的关键是:根据已知三角式的结构特征,充分运用对称原理,构造出恰当的对偶式.

对于三角题以外的其他问题,也有运用构造对偶式解题的成功案例.

例 12 求证: $\frac{2}{1} \cdot \frac{4}{3} \cdot \frac{6}{5} \cdot \cdots \cdot \frac{2n}{2n-1} > \sqrt{2n+1} (n \in \mathbf{N}^*)$.

证法 1(放缩法) 设 $P = \frac{2}{1} \cdot \frac{4}{3} \cdot \frac{6}{5} \cdot \cdots \cdot \frac{2n}{2n-1}$,则

$$P^2 = \frac{2^2}{1^2} \cdot \frac{4^2}{3^2} \cdot \frac{6^2}{5^2} \cdot \cdots \cdot \frac{(2n)^2}{(2n-1)^2} > \frac{2^2 - 1}{1^2} \cdot \frac{4^2 - 1}{3^2} \cdot \frac{6^2 - 1}{5^2} \cdot \cdots \cdot \frac{(2n)^2 - 1}{(2n-1)^2} =$$
$$\frac{3}{1} \cdot \frac{5}{3} \cdot \frac{7}{5} \cdot \cdots \cdot \frac{2n+1}{2n-1} = 2n + 1$$

所以 $P > \sqrt{2n+1}$.

证法 2 令 $A = \frac{2}{1} \cdot \frac{4}{3} \cdot \frac{6}{5} \cdot \cdots \cdot \frac{2n}{2n-1}, B = \frac{3}{2} \cdot \frac{5}{4} \cdot \frac{7}{6} \cdot \cdots \cdot \frac{2n+1}{2n}$.

欲证 $A > \sqrt{2n+1}$,只需证明 $A^2 > 2n + 1$.

原来依次排列的自然数无法约分,现在我们将 A 与 B 相乘,中间的自然数都约

去了.

因为显然有 $A > B$,则 $A^2 > AB = 2n + 1$.

上述证法简洁巧妙,思路源自构造对偶式.

例 13 求实数 x,使 $x = \sqrt{x - \dfrac{1}{x}} + \sqrt{1 - \dfrac{1}{x}}$.

分析与解 解无理方程通常采用两边平方的方法,但这里平方运算复杂程度显而易见. 构造原方程右边的有理化因式为对偶式:

令 $y = \sqrt{x - \dfrac{1}{x}} - \sqrt{1 - \dfrac{1}{x}}$,则

$$x + y = 2\sqrt{x - \dfrac{1}{x}} \qquad ①$$

由 $xy = x - 1 \Rightarrow y = \dfrac{x-1}{x} = 1 - \dfrac{1}{x}$,代入①得 $(x - \dfrac{1}{x}) - 2\sqrt{x - \dfrac{1}{x}} + 1 = 0$,即 $\left(\sqrt{x - \dfrac{1}{x}} - 1\right)^2 = 0.$ 故

$$x - \dfrac{1}{x} = 1$$

解得 $x = \dfrac{1 \pm \sqrt{5}}{2}$,因 $x > 0$,所以 $x = \dfrac{1 + \sqrt{5}}{2}$.

上述解法由于构造的对偶式与原式之间的运算简便,使得方程得以巧妙求解. 在求解过程中需要注意,引入的参数 y 必然要消去,这是引入对偶式进一步解题的方向.

例 14(俄罗斯数学竞赛题) 设 $x_i > 0\,(i = 1, 2, \cdots, n)$ 且 $\sum\limits_{i=1}^{n} x_i = 1$,求证:

$$\dfrac{x_1^2}{x_1 + x_2} + \dfrac{x_2^2}{x_2 + x_3} + \cdots + \dfrac{x_n^2}{x_n + x_1} \geq \dfrac{1}{2}.$$

证明 令

$$A = \dfrac{x_1^2}{x_1 + x_2} + \dfrac{x_2^2}{x_2 + x_3} + \cdots + \dfrac{x_n^2}{x_n + x_1}$$

$$B = \dfrac{x_2^2}{x_1 + x_2} + \dfrac{x_3^2}{x_2 + x_3} + \cdots + \dfrac{x_1^2}{x_n + x_1}$$

利用平均不等式 $a^2 + b^2 \geqslant \dfrac{(a+b)^2}{2}$ 得

$$A + B = \dfrac{x_1^2 + x_2^2}{x_1 + x_2} + \dfrac{x_2^2 + x_3^2}{x_2 + x_3} + \cdots + \dfrac{x_n^2 + x_1^2}{x_n + x_1} \geqslant$$

$$\dfrac{x_1 + x_2}{2} + \dfrac{x_2 + x_3}{2} + \cdots + \dfrac{x_n + x_1}{2} = 1 \qquad ①$$

又

$$A - B = \dfrac{x_1^2 - x_2^2}{x_1 + x_2} + \dfrac{x_2^2 - x_3^2}{x_2 + x_3} + \cdots + \dfrac{x_n^2 - x_1^2}{x_n + x_1} =$$

$$(x_1 - x_2) + (x_2 - x_3) + \cdots + (x_n - x_1) = 0 \qquad ②$$

① + ② 得 $A \geqslant \dfrac{1}{2}$.

例 15 已知 $a,b,c,d \in \mathbf{R}, a^2 + b^2 + c^2 + d^2 \leqslant 1$,求证

$$(a+b)^4 + (a+c)^4 + (a+d)^4 + (b+c)^4 + (b+d)^4 + (c+d)^4 \leqslant 6$$

证明 记 $M = (a+b)^4 + (a+c)^4 + (a+d)^4 + (b+c)^4 + (b+d)^4 + (c+d)^4$,构造对偶式 $N = (a-b)^4 + (a-c)^4 + (a-d)^4 + (b-c)^4 + (b-d)^4 + (c-d)^4$. 于是 $M + N = 6(a^4 + b^4 + c^4 + d^4 + 2a^2b^2 + 2a^2c^2 + 2a^2d^2 + 2b^2c^2 + 2b^2d^2 + 2c^2d^2) = 6(a^2 + b^2 + c^2 + d^2)^2 \leqslant 6$.

因为 $N \geqslant 0$,所以 $M \leqslant 6$.

习 题 2.3

1. 若 α, β 是方程 $x^2 - 3x - 5 = 0$ 的两个根,则 $\alpha^2 + 2\beta^2 - 3\beta$ 的值是( ).
A. 21　　B. 24　　C. 27　　D. 29

2. 求 $\cos 12° \cos 24° \cos 48° \cos 96°$ 的值.

3. 计算 $\cos \dfrac{\pi}{7} \cos \dfrac{2\pi}{7} \cos \dfrac{3\pi}{7} \cos \dfrac{4\pi}{7} \cos \dfrac{5\pi}{7} \cos \dfrac{6\pi}{7}$.

4. 不查表,求 $M = \cos \dfrac{\pi}{15} \cos \dfrac{2\pi}{15} \cos \dfrac{3\pi}{15} \cos \dfrac{4\pi}{15} \cos \dfrac{5\pi}{15} \cos \dfrac{6\pi}{15} \cos \dfrac{7\pi}{15}$ 的值.

5. (1995 年高考题) 求 $\sin^2 20° + \cos^2 50° + \sin 20° \cos 50°$ 的值.

6. 已知 $x, y, z \in (0, 1)$,求证: $\dfrac{1}{1-x+y} + \dfrac{1}{1-y+z} + \dfrac{1}{1-z+x} \geqslant 3$.

7. 求证:一个非完全平方数的自然数正因子总有偶数个.

8. 某公司向西部希望工程捐了13台相同型号的电脑,分赠给4所希望小学,每校至少一台,共有多少种分赠方案?

9. 某校高二年级召开学生代表会,将9个代表名额分配给3个班级,试问:(1)有多少种不同的分配方法?(2)若每个班至少两个名额,又有多少种不同的分配方法?

10. 圆周上有$2n(n \geq 2)$个点,将圆周$2n$等分,以这$2n$个点为顶点,共有多少个直角三角形?

11. 20个相同的小球全部放入三个编号为1,2,3的盒内,要求球数不小于编号数,有多少种不同放法?

12. 把1 996个女生和10个男生排成一列,自左至右每相邻两个男生之间分别至少有4,5,6,7,8,9,10,11,12名女生,问有多少种不同的排法?

13. 2可以表示为$2 = 2 = 1 + 1$,3可以表示为$3 = 3 = 1 + 2 = 2 + 1 = 1 + 1 + 1$,……以上这种正整数的表示方法称为正整数的有序分拆.求自然数n的有序分拆的个数.

14. 有361颗围棋子,每次至少取一颗,取完为止,问有多少种不同的取法?

15. 一个展览馆有5个入口处,每个入口处每次只能进一人,一代表团20人去参观,问他们有多少种进馆方案?

16. 中日围棋擂台赛,双方各派6名队员按预定出场顺序出场,直至最后一方取胜,问可能出现的比赛情况会有多少种?

2.4 特　殊　化

在讨论数学问题时,我相信特殊化比一般化起着更为重要的作用,我们寻找一个答案而未能成功的原因,就在于这样的事实,即有一些比手头的问题更简单、更容易的问题没有完全解决.这一切都有赖于找出这些比较容易的问题,并且用尽可能完善和能够推广的概念来解决它们.

—— 希尔伯特

波利亚在"怎样解题表"中提示我们:当不能解决当前的问题时,你可以先解一个相关的问题,如更特殊的问题,更简单的问题……

将问题特殊化、极端化之后,往往更容易解决,而特殊情形对一般情形问题的解决有着启发作用.

波利亚把一般化、特殊化和类比并列地称为"获得发现的伟大源泉".他在《数学与猜想》中列举了很多生动的例子,说明数学家是如何从对简单、特殊的事物的考察中找到规律,导致伟大的发现的.波利亚在书中这样写道:

> 如果我们要考察一个关于多边形的命题,那么就可以先从正多边形看起,特别地,还可以先从正三角形看起.
>
> 如果我们要检验关于素数的某个命题,那么就可以先从一些具体的素数,例如从17看起.
>
> 如果我们讨论的是一列与一切自然数 n 有关的某个命题,那么最好还是先来看一看 $n=2$ 和 3 的情形.

1. 检验特例

在一些选择、填空题中,常采用检验特例并结合选择题答案的唯一性排除错误选择项.

例1 已知等差数列 $a_n = 2 - 3n$,则其前 n 项和 $S_n = (\quad)$.

A. $-\dfrac{3}{2}n^2 + \dfrac{n}{2}$ B. $-\dfrac{3}{2}n^2 - \dfrac{n}{2}$

C. $\dfrac{3}{2}n^2 + \dfrac{n}{2}$ D. $\dfrac{3}{2}n^2 - \dfrac{n}{2}$

解 容易想到取 n 的特殊值如 $n=1$ 计算排除,选 A. 这一办法必然比直接计算 S_n 快速.

例2 设函数 $y = f(x)$ 定义在 **R** 上,则 $y = f(x-1)$ 与 $y = f(1-x)$ 的图像关于( )对称.

A. 直线 $y = 0$ B. 直线 $x = 0$

C. 直线 $y = 1$ D. 直线 $x = 1$

解 不妨取一个具体的函数,但要简单且有效,令 $f(x)=x^2$,则 $f(x-1)=f(1-x)=(x-1)^2$,显然关于直线 $x=1$ 对称.

注 若令 $f(x)=x$ 虽然简单但无法判断其对称轴.

例 3(2008 年江西省高考题)

已知函数 $f(x)=2mx^2+2(4-m)x+1, g(x)=mx$,若对于任一实数 $x, f(x)$ 与 $g(x)$ 的值至少有一个为正数,则实数 m 的取值范围是( ).

A. $(0,2)$ B. $(0,8)$

C. $(2,8)$ D. $(-\infty,0)$

分析与解 取 $m=2, f(x)=4x^2+4x+1=(2x+1)^2, g(x)=2x, x\neq\dfrac{1}{2}$ 时,$f(x)>0; x=\dfrac{1}{2}$ 时,$g(x)>0$. 故 $m=2$ 适合,故选 B.

(若取 $m=1$,虽然更简单,但计算后发现 $m=1$ 适合,却有 A,B 两个选项包含 $m=1$,还得继续检验.)

例 4(2010 年天津卷理)

已知函数 $f(x)=\begin{cases}\log_2 x, x>0\\ \log_{\frac{1}{2}}(-x), x<0\end{cases}$,若 $f(a)>f(-a)$,则实数 a 的取值范围是( ).

A. $(-1,0)\cup(0,1)$ B. $(-\infty,-1)\cup(1,+\infty)$

C. $(-1,0)\cup(1,+\infty)$ D. $(-\infty,-1)\cup(0,1)$

分析与解 一般解法是分 $a>0$ 和 $a<0$ 情况分别求解. 我们尝试特例法:取 $a=2$,则 $f(2)=1>f(-2)=-1$ 适合,同时也表明 $a=-2$ 不满足,故只有 C 正确.

2. 考察极端情形

选择特例,有时需要突破思维常规,考察极端的特例,往往能够起到意想不到的效果.

例 5 如图 2.7,$P(-1,\sqrt{3})$ 是圆 $x^2+y^2=4$ 上一点,过 P 作两直线交圆于 A,B 两点,使直线 PA,PB 的倾斜角互补,则直线 AB 的斜率是( ).

A. $-\sqrt{3}$ B. $-\dfrac{\sqrt{3}}{3}$

C. $-2\sqrt{3}$ D. -1

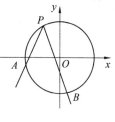

图 2.7

分析与解 按照特殊化思想,可能会想到取一特殊情形——PB 为直径,则点 A 为 $(-2,0)$,利用这种特殊情形求解已经算得上很简便了,但是还不能算最好.

我们考虑特殊化时可以再彻底一点:直线 PA,PB 重合为一条直线则 A,B 重合在点 $P'(-1,-\sqrt{3})$,这是一个极端情形. 此时直线 AB 就是圆的过点 P' 的切线,垂直于 OP',故斜率是 $-\dfrac{\sqrt{3}}{3}$.

例 6(江苏省 18 届初中数学竞赛题)

如图 2.8 所示,若梯子 AB 斜靠在墙面上,$AC\perp BC, AC=BC$,当梯子的顶端 A 向下滑行 x m 时,梯足 B 沿 CB 方向滑了 y m,则 x 与 y 的大小关系是( ).

A. $x=y$ B. $x>y$

C. $x<y$ D. 不能确定

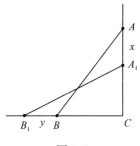

图 2.8

分析与解 遇到此题通常是设 $AB=a$,然后计算 x,y 的值再进行大小比较.

若能冷静地观察、想象梯子运动过程,在滑动之前有 $x=y=0$,不难推断,再往下滑 x 与 y 不可能相等(这样的推理虽然不够严密,但解题需要这种直觉判断).

考察极端情形——梯子全部倒下时,显然有 $y=a-\dfrac{\sqrt{2}}{2}a<x=\dfrac{\sqrt{2}}{2}a$. 故选 B.

例 7(2005 年武汉市初中数学竞赛选拔赛题)

如图 2.9(a),在四边形 $ABCD$ 中,M,N 分别是 AB,CD 的中点,AN,BN,DM,CM

划分四边形所成的 7 个区域的面积分别为 $S_1, S_2, S_3, S_4, S_5, S_6, S_7$,那么,下列恒成立的关系式为( ).

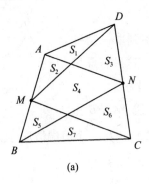
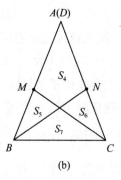

图 2.9

A. $S_2 + S_6 = S_4$
B. $S_1 + S_7 = S_4$
C. $S_2 + S_3 = S_4$
D. $S_1 + S_6 = S_4$

本例是初中奥数辅导书籍上常见的一道例题,提供的解法一般是下面的解法 1,是通过面积计算,对四个选项——检验.

解法 1 设 A, M, B 到 DC 的距离为 h_A, h_M, h_B,则 $h_M = \dfrac{h_A + h_B}{2}$,$S_{\triangle ADN} + S_{\triangle BNC} = \dfrac{h_A + h_B}{2} \cdot DN = \dfrac{1}{2} DC \cdot h_M = S_{\triangle MDC}$,因此可得 $S_1 + S_7 = S_4$. 选 B.

实际答题中,此题难度较大. 解法 1 看上去写的简单,是因为只写出了证明选项 B 中等式成立的过程. 但令答题者感到棘手的是探索"到底哪个等式可能正确?"的过程.

如何用极端原则解决这道题呢? 选取特殊四边形:矩形、平行四边形、正方形会发现都不能奏效.

为什么不用更极端的情形——三角形? 请看下面的解法:

解法 2 令 A, D 两点重合为一点. 如图 2.9(b),此时有 $S_1 = S_2 = S_3 = 0$,四个选项分别变为:

A. $S_6 = S_4$
B. $S_7 = S_4$
C. $0 = S_4$
D. $S_6 = S_4$

显然有 $S_6 < S_4$,所以 A,C,D 不可能成立,选 B.

例8 已知 $0 < x < y < a < 1$,则有( ).

A. $\log_a(xy) < 0$

B. $0 < \log_a(xy) < 1$

C. $1 < \log_a(xy) < 2$

D. $\log_a(xy) > 2$

分析与解 如果直接推算,比较烦琐.考察极端情形:$x,y \to 0$,则有 $\log_a(xy) \to +\infty$,A,B,C 均可排除,选 D.

例9 两人玩一种游戏,依次将大小相同的硬币摆放到一张圆桌上,每一次放上一枚硬币,不能重叠,直至有一方无法摆放硬币时,另一方获胜.问:先摆放的人能保证获胜吗?说明理由.

分析与解 我们先考虑极端情形.假设硬币恰与圆桌一样大小,则先摆必胜.这是因为只要把硬币摆在桌子中心即可.

从极端情形中我们可以获得启示:先摆的人可以把第一枚硬币占据桌子中心,由于桌面为中心对称,以后不论对方把硬币放至何处,先摆的人总可以把硬币摆在与其成中心对称的位置,故先摆者取胜.

3. 从特殊的、简单的情形入手

例10 如图 2.10,直线 l 上有 5 个定点 A_1,A_2,A_3,A_4,A_5,在直线 l 上求一点 P,使点 P 到 5 个定点的距离之和最小.

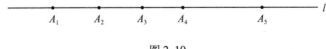

图 2.10

分析与解 感觉问题困难、复杂,其实就是因直线上的点太多了些——5 个点!先看看更简单一些的情形:

若直线上仅 1 个点,则所求点 P 就应选在该点;

若直线上有两个点时,也比较明显,点 P 可选在这两点之间线段上的任一点.

3 个点的情形应选中间的那个点.

至此,原问题已经知道如何解了:A_3 为所求点 P.

读者可以类推至直线上有 n 个点的情形并求解.

例11 试证明:对于 $n \geq 4$,每一个有外接圆的四边形总能划分为 n 个都有外接圆的四边形.

分析与解 此题是1972年国际数学奥林匹克竞赛题. 我们仍然反思一下——问题难在何处? 有外接圆的四边形形状各异,太多了! 无从下手. 波利亚告诫我们:当不能解决当前的问题时,你可以先解一个更特殊的问题,更简单的问题……

有外接圆的四边形中,我们先考察特殊的四边形——矩形、等腰梯形. 在一个矩形(或等腰梯形)中,容易发现作两底的平行线就可以将它分为任意 n 个矩形(或等腰梯形)(仍有外接圆).

这个简单问题的解决对于我们有什么作用呢? 在任一圆内接四边形中分割成几个四边形(有外接圆)其中如果有一个是等腰梯形或者矩形就成功了! 可按下面的方法划分:

如图2.11,设 $ABCD$ 内接于圆,在 AB, AD 上各取一点 E, F,分别作 BC, CD 的平行线交于 P,则 $AEPF$ 是符合条件的.

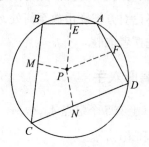

图2.11

在 BC, CD 上分别取一点 M, N,使 $BMPE$, $PFDN$ 都是等腰梯形. 则可以证明 $PMCN$ 也有外接圆. 至此已经分成四个有外接圆的四边形了,而且有两个"等腰梯形"!

例12 能否把 $1, 2, 3, \cdots, 10$ 这10个自然数按某顺序写成一行,使得每相邻三个数的和不大于15?

分析与解 拿到这道题,一般会去试着排这些数,但是不容易排出符合条件的,却也无法否定,无功而返. 正确的方法应该怎样做? 我们说应该先看看某些特殊位置上的数字.

设10个数字写成一行为:$a_1, a_2, \cdots, a_{10}$. 我们考察一头一尾的两个特殊位置 a_1

和 a_{10}.

因 $1 + 2 + 3 + \cdots + 10 = 55$. 如果每相邻 3 个数之和不大于 15,则由 $a_1 + a_2 + \cdots + a_9 = (a_1 + a_2 + a_3) + (a_4 + a_5 + a_6) + (a_7 + a_8 + a_9) \leqslant 45$,可知 $a_{10} \geqslant 55 - 45 = 10$.

因此 a_{10} 只能为 10. 同理可推得 a_1 也只能为 10. 这不可能同时满足,表明本题的答案是"否".

上例再一次说明了从特殊情形入手在解题中的奇特作用.

例 13[①]　证明:任何四面体中,一定有一个顶点,由它出发的三条棱可以构成一个三角形.

分析与证明　因为 3 条线段可以构成三角形的充要条件是两条较短线段之和大于最长线段. 所以在四面体中从最长棱考虑,可以简化验证过程.

如图 2.12,设 AB 是四面体 $ABCD$ 的最长棱,则有

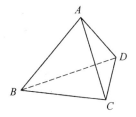

图 2.12

$$AD + BD > AB, AC + BC > AB$$

于是知,$(AD + BD) + (AC + BC) > 2AB$,这表明下列二式中必有一式成立

$$AC + AD > AB, BC + BD > BA$$

即顶点 A 与顶点 B 中至少有一者为所求.

习 题 2.4

1. 设 α, β 都是第二象限的角,若 $\sin \alpha > \sin \beta$,则(　　).

A. $\tan \alpha > \tan \beta$　　　　　　B. $\cot \alpha < \cot \beta$

---

① 苏淳. 从特殊性看问题[M]. 3 版. 合肥:中国科技大学出版社,2009.

C. $\cos\alpha > \cos\beta$ D. $\sec\alpha > \sec\beta$

2. 设 a,b 是满足 $ab < 0$ 的实数,那么（　　）.

A. $|a+b| > |a-b|$

B. $|a+b| < |a-b|$

C. $|a-b| < |a| - |b|$

D. $|a-b| > |a| + |b|$

3. 若 $\sin\alpha + \cos\alpha = \sqrt{2}$,则 $\tan\alpha + \cot\alpha$ 的值是（　　）.

A. 1   B. 2   C. -1   D. -2

4. （2007年高考江苏卷）在平面直角坐标系 xOy 中,已知 $\triangle ABC$ 的顶点 $A(-4,0)$ 和 $C(4,0)$,顶点 B 在椭圆 $\dfrac{x^2}{25} + \dfrac{y^2}{9} = 1$ 上,则 $\dfrac{\sin A + \sin C}{\sin B} = $ _____.

5. （2000年高考题）椭圆 $\dfrac{x^2}{9} + \dfrac{y^2}{4} = 1$ 的焦点为 F_1, F_2,点 P 为其上动点,当 $\angle F_1 P F_2$ 为钝角时,点 P 的横坐标的取值范围是 _____.

6. （2007年江西省高考题）如图,在 $\triangle ABC$ 中,点 O 是 BC 的中点,过点 O 的直线分别交直线 AB, AC 于不同的两点 M, N,若 $\overrightarrow{AB} = m\overrightarrow{AM}$, $\overrightarrow{AC} = n\overrightarrow{AN}$,则 $m+n$ 的值为 _____.

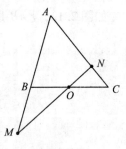

第6题

7. 已知正 $\triangle ABC$ 的边长为1,M, N 分别是 AB, AC 的中点,D 为 MN 上任一点,BD, CD 的延长线分别交 AC, AB 于 E, F,则 $\dfrac{1}{CE} + \dfrac{1}{BF} = $ _____.

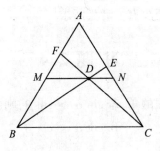

第7题

8. 设三棱柱 $ABC-A_1B_1C_1$ 的体积为 V，P,Q 分别是侧棱 AA_1,CC_1 上的点，且 $PA=QC_1$，则四棱锥 $B-PAQC$ 的体积为( ).

   A. $\dfrac{V}{6}$ B. $\dfrac{V}{4}$ C. $\dfrac{V}{3}$ D. $\dfrac{V}{2}$

9. 设 $a,b,c,d \in [0,1]$，求证
$$(1-a)(1-b)(1-c)(1-d) \geq 1-a-b-c-d$$

10. 试证明：具有下列形式的数是两个连续整数之乘积
$$N_n = \underbrace{11\cdots1}_{n\uparrow 1}\underbrace{22\cdots2}_{n\uparrow 2}$$

11. 如图，正方形 $ABCD$ 的对角线相交于点 O，O 又是正方形 $A_1B_1C_1O$ 的一个顶点，两个正方形的边长均为 a，当正方形 $A_1B_1C_1O$ 绕点 O 转动时，求两个正方形重叠部分的面积.

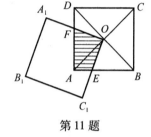

第11题

12. (2015年四川卷 I 理20) 如图，椭圆 $E:\dfrac{x^2}{a^2}+\dfrac{y^2}{b^2}=1$ 的离心率是 $\dfrac{\sqrt{2}}{2}$，过点 $P(0,1)$ 的动直线 l 与椭圆相交于 A,B 两点. 当直线 l 平行于 x 轴时，直线 l 被椭圆 E 截得的线段长为 $2\sqrt{2}$.

（1）求椭圆 E 的方程；

（2）在平面直角坐标系 xOy 中，是否存在与点 P 不同的定点 Q，使得 $\dfrac{|QA|}{|QB|}=\dfrac{|PA|}{|PB|}$ 恒成立？若存在，求出点 Q 的坐标；若不存在，请说明理由.

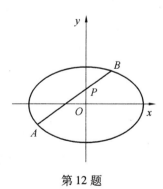

第12题

2.5 一 般 化

> 雄心大的计划,成功的希望也较大.
> 更普遍的问题可能更易于求解.
>
> —— 波利亚

一般化策略是指:为了解决问题 P,我们先解决比 P 更一般的问题 P',然后将之特殊化,便得到 P 的解.

我们有时会遇到这样的数学问题,它既不能再向"特殊"转化,又没有现成的法则或公式可以套用,同时似乎也很难从常规途径中找到解决的办法,这时需要用一般化策略挖掘掩盖在问题本身特殊性之中的规律,从而使问题顺利解决.

一般化方法是一种重要的解题策略,由特殊向一般的过渡常常为问题的分析提供了新的着眼点,从而也就为问题的成功解决开拓了新的途径. 在一般化的过程中,不仅使学生对数学问题的认识深化,又有举一反三,触类旁通之效.

波利亚在《怎样解题》中说:"普遍化就是从考虑一个对象过渡到考虑包含该对象的一个集合;或者从考虑一个较小的集合过渡到考虑一个包含该较小集合的更大的集合." 在数学解题过程中,我们思考一个问题,有时可以跳出它的范围而去思考比它大的范围的更一般性的问题. 一个更一般化的问题有可能反而更容易解决,而一般性问题的解决就自然能导致特殊性问题的解决,这个道理其实已为我们反复运用,比如代数求值问题,往往先化简,后求值.

这种解题过程是从一般到特殊的推理,因此一般化策略也称为演绎策略.

例1 计算 $\dfrac{2\,005^3 - 2 \times 2\,005^2 - 2\,003}{2\,005^3 + 2\,005^2 - 2\,006}$.

分析与解 数字较大,运算繁,不易发现隐含的一般性质,先用 a 代替 $2\,005$ 计算,化简后再具体化

$$\text{原式} = \frac{a^3 - 2a^2 - a + 2}{a^3 + a^2 - a - 1} = \frac{a^2(a-2) - (a-2)}{a^2(a+1) - (a+1)} = \frac{(a-2)(a^2-1)}{(a+1)(a^2-1)} = \frac{a-2}{a+1} = \frac{2\,003}{2\,006}$$

例2（2002年全国高考试题） 已知函数 $f(x) = \dfrac{x^2}{1+x^2}$，求 $f(1) + f(2) + f(\dfrac{1}{2}) + f(3) + f(\dfrac{1}{3}) + f(4) + f(\dfrac{1}{4})$ 的值.

分析 直接代入法解，运算量较大，可先探求一般性的结论，即根据题目的结构特点试求 $f(x) + f(\dfrac{1}{x})$ 的值，则问题迎刃而解.

解 因为 $f(x) + f(\dfrac{1}{x}) = \dfrac{x^2}{1+x^2} + \dfrac{1}{1+x^2} = 1$，所以 $f(1) + f(2) + f(\dfrac{1}{2}) + f(3) + f(\dfrac{1}{3}) + f(4) + f(\dfrac{1}{4}) = 3\dfrac{1}{2}$.

例3 比较大小：$\sqrt[3]{60}$ 与 $2 + \sqrt[3]{7}$.

分析 一般想到两式同时立方再比较，但是立方后根式反而越来越复杂. 注意到后一数可以写成 $\sqrt[3]{8} + \sqrt[3]{7}$，两式同除以 2 会更加明显一些：$\sqrt[3]{\dfrac{15}{2}}$ 与 $\dfrac{\sqrt[3]{8}+\sqrt[3]{7}}{2}$.

我们先比较一般的两个数 $\sqrt[3]{\dfrac{a+b}{2}}$ 与 $\dfrac{\sqrt[3]{a}+\sqrt[3]{b}}{2}$ $(a,b>0)$ 的大小.

因函数 $f(x) = \sqrt[3]{x}$ 在 $(0, +\infty)$ 是凸函数，所以有

$$\dfrac{1}{2}[f(a) + f(b)] \leqslant f\left(\dfrac{a+b}{2}\right) \ (a = b \text{ 时取等号})$$

因此有 $\dfrac{\sqrt[3]{8}+\sqrt[3]{7}}{2} < \sqrt[3]{\dfrac{15}{2}}$，即 $\sqrt[3]{60} > 2 + \sqrt[3]{7}$.

对于某些不等式证明问题，将欲证不等式一般化，构造相应的函数，通过研究其单调性和取值范围是一种行之有效的方法.

例4 已知：$|a| < 1, |b| < 1, |c| < 1$，求证：$ab + bc + ac > -1$.

分析与证明 此题看似简单，常规方法证明其实并不容易. 采用一般化策略则思路清晰.

不等式可写成 $(b+c)a + bc + 1 > 0$. 将其一般化，视左式为函数 $f(x) = (b+c)x + (bc+1)$ 的一个值 $f(a)$，即须证在题设条件下 $f(a) > 0$. 现考察函数的性质.

因 $f(x)=(b+c)x+bc+1$ 为一次函数. 又 $f(1)=(1+b)(1+c)>0$, 且 $f(-1)=(1-b)(1-c)>0$, 所以 $f(x)$ 在 $x\in(-1,1)$ 时, 恒有 $f(x)>0$.

又 $a\in(-1,1)$, 故 $f(a)>0$, 即: $ab+bc+ac+1>0$.

上述证法由于通过一般化策略将问题转化为一次函数的值域, 推导过程就变得简单了.

例 5 解方程: $(x+\sqrt{2})^3+(\sqrt{2}-2x)^3+(x-2\sqrt{2})^3=0$.

分析与解 方程展开后须解一个三次方程, 除非能分解因式, 否则不好求解. 仔细观察一下方程的左边, 发现有如下关系

$$(x+\sqrt{2})+(\sqrt{2}-2x)+(x-2\sqrt{2})=0$$

将问题一般化就是:

三个数 a,b,c 同时满足 $a+b+c=0$ 及 $a^3+b^3+c^3=0$.

将 $c=-(a+b)$ 代入后一式得 $a^3+b^3-(a+b)^3=0$, 化简得 $3ab(a+b)=0$, 即 $abc=0$.

因此 $a=0$ 或 $b=0$ 或 $c=0$.

再由一般结论回到本题中, 就有

$$x=-\sqrt{2}, \text{ 或 } x=\frac{\sqrt{2}}{2}, \text{ 或 } x=2\sqrt{2}$$

经检验知, 它们均是原方程的解. 而三次方程至多只有三个解, 故原方程的解是

$$x=-\sqrt{2}, x=\frac{\sqrt{2}}{2}, x=2\sqrt{2}$$

例 6 求值: $\cos\frac{2\pi}{7}+\cos\frac{4\pi}{7}+\cos\frac{6\pi}{7}$.

分析与解 此例有一种很特殊的方法: 原式乘以 $\sin\frac{\pi}{7}$, 利用积化和差后可以化简求值. 请读者自行完成.

将式中 3 个角的关系一般化就是 $\cos\theta+\cos2\theta+\cos3\theta$.

但式子 $\cos\theta+\cos2\theta+\cos3\theta$ 的变形似乎方法不多. 如果联想到复数的运算, 思路可能会豁然开朗: 如果令 $z=\cos\theta+i\sin\theta$, 那么 $\cos\theta+\cos2\theta+\cos3\theta$ 不就是复数 $z+z^2+z^3$ 的实部吗? 具体化, 回到本题, 就得下面的解法:

令 $z = \cos\dfrac{\pi}{7} + i\sin\dfrac{\pi}{7}$，则所求式子 $\cos\dfrac{2\pi}{7} + \cos\dfrac{4\pi}{7} + \cos\dfrac{6\pi}{7}$ 就是复数 $w = z^2 + z^4 + z^6$ 的实部 $\operatorname{Re} w$.

注意 $z^7 = -1$，则

$$w = z^2 + z^4 + z^6 = \frac{z^2(1 - z^6)}{1 - z^2} =$$

$$\frac{z(z - z^7)}{1 - z^2} = \frac{z(z + 1)}{1 - z^2} = \frac{z}{1 - z} =$$

$$\frac{\cos\dfrac{\pi}{7} + i\sin\dfrac{\pi}{7}}{1 - \cos\dfrac{\pi}{7} - i\sin\dfrac{\pi}{7}} =$$

$$\frac{\left(\cos\dfrac{\pi}{7} + i\sin\dfrac{\pi}{7}\right)\left(1 - \cos\dfrac{\pi}{7} + i\sin\dfrac{\pi}{7}\right)}{\left(1 - \cos\dfrac{\pi}{7}\right)^2 + \sin^2\dfrac{\pi}{7}}$$

易求得 $\operatorname{Re} w = \dfrac{\cos\dfrac{\pi}{7} - \cos^2\dfrac{\pi}{7} - \sin^2\dfrac{\pi}{7}}{2 - 2\cos\dfrac{\pi}{7}} = -\dfrac{1}{2}$，即

$$\cos\dfrac{2\pi}{7} + \cos\dfrac{4\pi}{7} + \cos\dfrac{6\pi}{7} = -\dfrac{1}{2}$$

（读者可以比较一下，设 $z = \cos\dfrac{2\pi}{7} + i\sin\dfrac{2\pi}{7}$ 怎么样）

应用上面的方法，可以计算出下列各式的值

$$\cos\dfrac{\pi}{5} + \cos\dfrac{3\pi}{5} = \dfrac{1}{2}; \cos\dfrac{\pi}{7} + \cos\dfrac{3\pi}{7} + \cos\dfrac{5\pi}{7} = \dfrac{1}{2};$$

$$\cos\dfrac{\pi}{9} + \cos\dfrac{3\pi}{9} + \cos\dfrac{5\pi}{9} + \cos\dfrac{7\pi}{9} = \dfrac{1}{2}; \cdots$$

在解题中一般化策略是否能奏效，得看一般化之后的命题是否比原命题更简单易解.

例 7　证明：$1 + \dfrac{1}{\sqrt{2}} + \dfrac{1}{\sqrt{3}} + \cdots + \dfrac{1}{\sqrt{1\,000}} > \sqrt{1\,000}$.

分析 将不等式一般化就变为：$1+\frac{1}{\sqrt{2}}+\cdots+\frac{1}{\sqrt{n}}>\sqrt{n}$.

可以用数学归纳法证明之. 这跟原不等式 $n=1\,000$ 的具体情形相比,要好办得多.

证明请读者完成.

习题 2.5

1. 证明：$50^{99}>99!$.

2. 设 $f(x)$ 的定义域为 $\{x\mid x\neq\frac{k}{2},k\in\mathbf{Z}\}$,且 $f(x+1)=-\frac{1}{f(x)}$,如果 $f(x)$ 为奇函数,当 $0<x<\frac{1}{2}$ 时,$f(x)=4^x$,求 $f(\frac{1\,999}{4})$.

3. 计算：$\sqrt{31\times30\times29\times28+1}$.

4. 若 $A=\frac{5\,678\,901\,234}{6\,789\,012\,345}$,$B=\frac{5\,678\,901\,235}{6\,789\,012\,347}$,比较 A,B 的大小.

5. 比较 $\log_{1\,997}1\,996$ 与 $\frac{1\,995}{1\,996}$ 的大小.

6. 求证：当 $x>0$ 时,$x>\ln(1+x)$.

7. 已知 a,b 是实数,且 $e<a<b$,其中 e 是自然对数的底数. 求证：$a^b>b^a$.

8. 已知 $a>0,b>0$,求证：$\frac{a}{1+a}+\frac{b}{1+b}>\frac{a+b}{1+a+b}$.

9. 已知 $|a|<1,|b|<1,|c|<1$,求证：$abc+2>a+b+c$.

10. 求值：$\cos\frac{2\pi}{5}+\cos\frac{4\pi}{5}$.

2.6 数形结合

数缺形时少直观,形少数时难入微,
数形结合百般好,隔离分家万事休.

——华罗庚

数与形的转化是相互的,有的数学概念或代数式,若能赋之于几何意义,往往变得直观、明显,易于理解,可使抽象的数量关系变简单、明朗;而一些图形的性质赋之于数量意义,使几何问题代数化,以数助形,可用代数方法研究几何性质,如坐标法.

1. 有关数学公式的几何解释

关于用几何图形阐释代数问题的意义,在1961年推出的美国新数学丛书之一,由 E. 贝肯巴赫和 R. 贝尔曼所著的《不等式入门》一书中,作者有一段精辟的阐述[①]:"对一个代数结果做最简单的解释,通常要借助于几何背景. 那些看起来很奇怪、很复杂的公式,一旦暴露其几何根源之后,往往就变得显而易见了."

下面几个初等代数中常见的公式在对应的图形看来是如此直观明显(图2.13(a) - (c)):

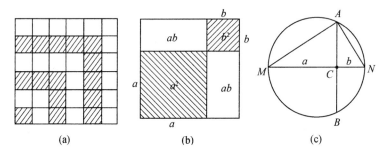

图 2.13

(1) $1 + 3 + 5 + \cdots + (2n - 1) = n^2 (n \in \mathbf{N}^*)$;

(2) $(a + b)^2 = a^2 + 2ab + b^2$;

(3) a, b 为正数,则 $\dfrac{a+b}{2} \geqslant \sqrt{ab}$.

2. 数形结合解题举例

数形结合是常用的解题策略. 用"数"研究"形"主要体现在坐标法. 本节主要介绍化"数"为"形"的解题策略和方法.

---

① E.贝肯巴赫,R.贝尔曼. 不等式入门[M]. 文丽,译. 北京:北京大学出版社,1985.

(1) 问题本身具有明显的几何特征

一些数学题,虽然是代数问题,但具有明显的几何特征,则容易想到数形结合的解题方法.

例1 已知 x,y 满足 $\dfrac{x^2}{16}+\dfrac{y^2}{25}=1$,求 $y-3x$ 的最大值与最小值.

分析与解 很明显,已知等式是我们熟悉的椭圆方程,令 $y-3x=b$,则 $y=3x+b$,原问题转化为:

过椭圆 $\dfrac{x^2}{16}+\dfrac{y^2}{25}=1$ 上一点、斜率为 3 的直线在 y 轴上截距 b 的最大、最小值. 由图 2.14 知,当直线与椭圆相切时 b 取得最值.

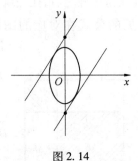

图 2.14

$\begin{cases} y=3x+b \\ \dfrac{x^2}{16}+\dfrac{y^2}{25}=1 \end{cases} \Rightarrow 169x^2+96bx+16b^2-400=0$ 由 $\Delta=0$,得 $b=\pm 13$,故 $y-3x$ 的最大值为 13,最小值为 -13.

例2(1990 年全国卷理科) 如果实数 x,y 满足等式 $(x-2)^2+y^2=3$,那么 $\dfrac{y}{x}$ 的最大值是_____.

A. $\dfrac{1}{2}$ B. $\dfrac{\sqrt{3}}{3}$ C. $\dfrac{\sqrt{3}}{2}$ D. $\sqrt{3}$

分析与解 等式 $(x-2)^2+y^2=3$ 有明显的几何意义,它表示坐标平面上以 $(2,0)$ 为圆心,$r=\sqrt{3}$ 为半径的圆(如图 2.15). 而 $\dfrac{y}{x}=\dfrac{y-0}{x-0}$ 则表示圆上的点 (x,y) 与坐标原点 $(0,0)$ 的连线的斜率,如此一来,该问题可转化为如下几何问题:动点 A 在以 $(2,0)$ 为圆心,以 $\sqrt{3}$ 为半径的圆上移动,求直线 OA 的斜率的最大值,由图可见,当点 A 在第一象限,且与圆相切时,OA 的斜率最大,经简单计算,得最大值为 $\tan 60° = \sqrt{3}$.

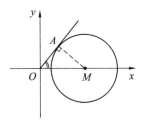

图 2.15

(2)方程和不等式问题

一些与方程、不等式有关的问题,如果直接求解可能需要讨论,数形结合有时则可以通过直观判断,甚至无需讨论,简洁解题. 含参数的问题更能体现数形结合的优点.

例 3 解不等式 $\sqrt{x+2} > x$.

解法 1(常规解法)

原不等式等价于(I)$\begin{cases} x \geq 0 \\ x+2 \geq 0 \\ x+2 > x^2 \end{cases}$ 或(II)$\begin{cases} x < 0 \\ x+2 \geq 0 \end{cases}$,解(I),得 $0 \leq x < 2$;解(II),得 $-2 \leq x < 0$.

原不等式的解集是 $\{x \mid -2 \leq x < 2\}$.

解法 2(数形结合)

令 $y_1 = \sqrt{x+2}$,$y_2 = x$,原不等式的解集就是同一坐标系中函数 $y_1 = \sqrt{x+2}$ 图像在 $y_2 = x$ 图像上方的那段所对应的横坐标. 如图 2.16,不等式的解集为 $\{x \mid x_A \leq x < x_B\}$.

而 x_B 可由 $\sqrt{x+2} = x$,解得,$x_B = 2$,$x_A = -2$.

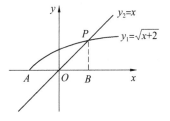

图 2.16

例 4 若方程 $\lg(-x^2 + 3x - m) = \lg(3-x)$ 在 $[0,3]$ 上有唯一解,求 m 的取值范围.

解 原方程等价于

$$\begin{cases} -x^2+3x-m>0 \\ 3-x>0 \\ 0\le x\le 3 \\ -x^2+3x-m=3-x \end{cases} \Rightarrow \begin{cases} -x^2+3x-m>0 \\ 0\le x<3 \\ -x^2+4x-3=m \end{cases}$$

令 $y_1=-x^2+4x-3$,$y_2=m$,在同一坐标系内,画出它们的图像,其中注意 $0\le x<3$,当且仅当两函数的图像在$[0,3)$上有唯一公共点时,原方程有唯一解,由图 2.17 可见,当 $m=1$ 或 $-3\le m\le 0$ 时,原方程有唯一解,因此 m 的取值范围为 $[-3,0]\cup\{1\}$.

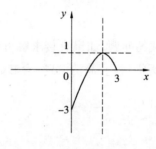

图 2.17

(3) 发挥联想,将"数"化为"形"

受到思维定式的影响,我们习惯了使用代数方法解决代数问题,往往会"忘记"应用数形结合的解题策略.而且一些题目应用数形结合策略时有一定的思维跨度和难度,这需要我们具有丰富的想象能力和数形结合的"解题意识".

根据代数式或等式的特点,可以构造斜率、距离、面积等途径实现数形转化.

例 5 求 $y=\dfrac{\sin x+2}{\cos x-2}$ 的值域.

解法 1(代数法)

由 $y=\dfrac{\sin x+2}{\cos x-2}$ 得 $y\cos x-2y=\sin x+2$,有 $\sin x-y\cos x=-2y-2$,$\sqrt{y^2+1}\sin(x+\varphi)=-2y-2$.

所以 $\sin(x+\varphi)=\dfrac{-2y-2}{\sqrt{y^2+1}}$,而 $|\sin(x+\varphi)|\le 1$,所以 $\left|\dfrac{-2y-2}{\sqrt{y^2+1}}\right|\le 1$,解不等式得 $\dfrac{-4-\sqrt{7}}{3}\le y\le\dfrac{-4+\sqrt{7}}{3}$.

所以函数的值域为 $\left[\dfrac{-4-\sqrt{7}}{3}, \dfrac{-4+\sqrt{7}}{3}\right]$.

解法 2（数形结合）

$y = \dfrac{\sin x + 2}{\cos x - 2}$ 的形式类似于斜率公式 $y = \dfrac{y_2 - y_1}{x_2 - x_1}$，即表示过两点 $P_0(2, -2)$，$P(\cos x, \sin x)$ 的直线斜率.

由于点 P 在单位圆 $x^2 + y^2 = 1$ 上，如图 2.18，显然有 $k_{P_0A} \leqslant y \leqslant k_{P_0B}$.

设过 P_0 的圆的切线方程为 $y + 2 = k(x - 2)$.

则有 $\dfrac{|2k+2|}{\sqrt{k^2+1}} = 1$，解得 $k = \dfrac{-4 \pm \sqrt{7}}{3}$，

即 $k_{P_0A} = \dfrac{-4-\sqrt{7}}{3}$，$k_{P_0B} = \dfrac{-4+\sqrt{7}}{3}$.

所以 $\dfrac{-4-\sqrt{7}}{3} \leqslant y \leqslant \dfrac{-4+\sqrt{7}}{3}$.

所以函数的值域为 $\left[\dfrac{-4-\sqrt{7}}{3}, \dfrac{-4+\sqrt{7}}{3}\right]$.

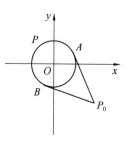

图 2.18

例 6（1978 年罗马尼亚数学竞赛题） 已知 $x \in \mathbf{R}$，确定 $\sqrt{x^2+x+1} - \sqrt{x^2-x+1}$ 的所有可能值.

解 $\sqrt{x^2+x+1} - \sqrt{x^2-x+1} = \sqrt{\left(x+\dfrac{1}{2}\right)^2 + \left(\dfrac{\sqrt{3}}{2}\right)^2} - \sqrt{\left(x-\dfrac{1}{2}\right)^2 + \left(\dfrac{\sqrt{3}}{2}\right)^2}$

视为点 $P(x,0)$ 到点 $A\left(-\dfrac{1}{2}, \dfrac{\sqrt{3}}{2}\right)$ 与 $B\left(\dfrac{1}{2}, \dfrac{\sqrt{3}}{2}\right)$（图 2.19）的距离之差.

由图 2.19 可知，$|PA - PB| < AB = 1$，即原式取值范围是 $(-1, 1)$.

例 7 设 $x, y \in \mathbf{R}$ 且 $3x^2 + 2y^2 = 6x$，求 $x^2 + y^2$ 的范围.

分析 设 $k = x^2 + y^2$，再代入消去 y，转化为关于 x 的方程有实数解时求参数 k 范围的问题. 其中要注意隐含条件，即 x 的范围.

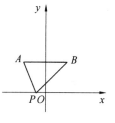

图 2.19

解法1(消元法) 由 $6x - 3x^2 = 2y^2 \geq 0$ 得 $0 \leq x \leq 2$.

设 $k = x^2 + y^2$,则 $y^2 = k - x^2$,代入已知等式得 $x^2 - 6x + 2k = 0$,即 $k = -\frac{1}{2}x^2 + 3x$,其对称轴为 $x = 3$.

由 $0 \leq x \leq 2$ 得 $k \in [0,4]$.

所以 $x^2 + y^2$ 的范围是: $0 \leq x^2 + y^2 \leq 4$.

解法2(三角换元法) 对已知式和待求式都可以进行三角换元(转化为三角问题):

由 $3x^2 + 2y^2 = 6x$ 得 $(x-1)^2 + \frac{y^2}{\frac{3}{2}} = 1$,设 $\begin{cases} x - 1 = \cos\alpha \\ y = \frac{\sqrt{6}}{2}\sin\alpha \end{cases}$,则

$$x^2 + y^2 = 1 + 2\cos\alpha + \cos^2\alpha + \frac{3}{2}\sin^2\alpha =$$

$$1 + \frac{3}{2} + 2\cos\alpha - \frac{1}{2}\cos^2\alpha =$$

$$-\frac{1}{2}\cos^2\alpha + 2\cos\alpha + \frac{5}{2} \in [0,4]$$

所以 $x^2 + y^2$ 的范围是: $0 \leq x^2 + y^2 \leq 4$.

解法3(数形结合法——转化为解析几何问题)

由 $3x^2 + 2y^2 = 6x$ 得 $(x-1)^2 + \frac{y^2}{\frac{3}{2}} = 1$,即表示如图2.20所示椭圆,其一个顶点在坐标原点 O. $x^2 + y^2$ 的范围就是椭圆上的动点 A 到原点 O 的距离的平方.由图可知最小值是0,距离最大的点是以原点为圆心的圆与椭圆相切的切点.

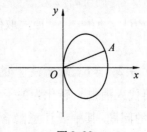

图2.20

设圆方程为 $x^2+y^2=k$,代入椭圆中消去 y 得 $x^2-6x+2k=0$. 由判别式 $\Delta=36-8k=0$ 得 $k=4$,所以 x^2+y^2 的范围是: $0\leq x^2+y^2\leq 4$.

例8 已知实数 a,b,c,d 满足 $a+b=c+d=1$,且 $ac+bd>1$,求证 a,b,c,d 至少有一个为负数.

分析 一般考虑反证法,不过直接证法1也非常简捷.

证法1(直接证法) 从题设条件的特征看,已知不等式左边 $ac+bd$ 可以由 $a+b$ 与 $c+d$ 相乘得到. 于是有下面的证法:

由已知得 $(a+b)(c+d)=(ac+bd)+(ad+bc)=1$.

又因为 $ac+bd>1$,所以 $ad+bc<0$. 则 a,b,c,d 至少有一个为负数.

证法2(三角代换) 假设 a,b,c,d 均非负数.

因 $a+b=c+d=1$,可设 $a=\sin^2\alpha, b=\cos^2\alpha, c=\sin^2\beta, d=\cos^2\beta(\alpha,\beta\in[0,\frac{\pi}{2}])$ 则

$$ac+bd=\sin^2\alpha\sin^2\beta+\cos^2\alpha\cos^2\beta\leq\sin^2\alpha+\cos^2\alpha=1$$

与 $ac+bd>1$ 矛盾.

证法3(联想到向量) 如图 2.21(a),构造向量 $\overrightarrow{OM}=(a,b), \overrightarrow{ON}=(c,d)$,假设 a,b,c,d 均为非负数,则点 M,N 落在第一象限且均在直线 $x+y=1$ 上,从而有 $\overrightarrow{OM}\cdot\overrightarrow{ON}=ac+bd=|OM|\cdot|ON|\cos\theta\leq|OM|\cdot|ON|\leq|OA|^2=1$ 与已知矛盾. 故 a,b,c,d 至少有一个为负数.

证法4(数形结合) 由图2.21(b)中边长为1的正方形可以看出,若 a,b,c,d 均为非负数,则必有 $ac+bd\leq 1$,与 $ac+bd>1$ 矛盾.

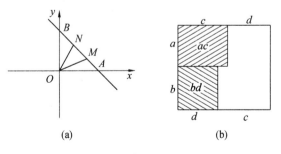

图 2.21

评注 证法 4 通过构造图形,揭示了问题的本质,本质的自然是最简单的.

例 9 已知 $a^2+b^2=1, x^2+y^2=1$. 求证: $ax+by \leqslant 1$.

证法 1(比较法) 本题只要证 $1-(ax+by) \geqslant 0$. 为了同时利用两个已知条件,只需要观察到两式相加等于 2 便不难解决.

因为
$$1-(ax+by) = \frac{1}{2}(1+1)-(ax+by) =$$
$$\frac{1}{2}(a^2+b^2+x^2+y^2)-(ax+by) =$$
$$\frac{1}{2}[(a^2-2ax+x^2)+(b^2-2by+y^2)] =$$
$$\frac{1}{2}[(a-x)^2+(b-y)^2] \geqslant 0$$

所以 $ax+by \leqslant 1$.

证法 2(分析法)

要证 $ax+by \leqslant 1$. 只需证 $1-(ax+by) \geqslant 0$,即 $2-2(ax+by) \geqslant 0$,因为 $a^2+b^2=1, x^2+y^2=1$. 所以只需证
$$(a^2+b^2+x^2+y^2)-2(ax+by) \geqslant 0$$
即
$$(a-x)^2+(b-y)^2 \geqslant 0$$

因为最后的不等式成立,且步步可逆. 所以原不等式成立.

证法 3(综合法)

因为
$$ax \leqslant \frac{a^2+x^2}{2}, by \leqslant \frac{b^2+y^2}{2}$$

所以
$$ax+by \leqslant \frac{a^2+x^2}{2}+\frac{b^2+y^2}{2}=1$$

即 $ax+by \leqslant 1$.

证法 4(三角代换) 因为 $a^2+b^2=1, x^2+y^2=1$,则可设 $a=\sin\alpha, b=\cos\alpha$. $x=\sin\beta, y=\cos\beta$,所以

$$ax + by = \sin\alpha\sin\beta + \cos\alpha\cos\beta = \cos(\alpha - \beta) \leqslant 1$$

证法 5(数形结合法)

由于条件 $x^2 + y^2 = 1$ 可看作是以原点为圆心,半径为 1 的单位圆,而 $ax + by = \dfrac{ax + by}{\sqrt{a^2 + b^2}}$. 联系到点到直线距离公式,可得下面证法.

如图 2.22,因为直线 $l:ax + by = 0$ 经过圆 $x^2 + y^2 = 1$ 的圆心 O,所以圆上任意一点 $M(x,y)$ 到直线 $ax + by = 0$ 的距离都小于或等于圆半径 1,即

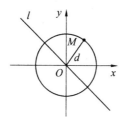

图 2.22

$$d = \frac{|ax + by|}{\sqrt{a^2 + b^2}} = |ax + by| \leqslant 1 \Rightarrow ax + by \leqslant 1$$

例 10 若 $a, b \in \mathbf{R}^*, c > \dfrac{a+b}{2}$,求证:$c^2 > ab$ 且 $c - \sqrt{c^2 - ab} < a < c + \sqrt{c^2 - ab}$.

证法 1 由 $4c^2 > (a+b)^2 \geqslant (2\sqrt{ab})^2 = 4ab$ 得 $c^2 > ab$.

将不等式 $c - \sqrt{c^2 - ab} < a < c + \sqrt{c^2 - ab}$ 变为

$$\frac{2c - \sqrt{4c^2 - 4ab}}{2a} < 1 < \frac{2c + \sqrt{4c^2 - 4ab}}{2a}$$

问题变为证明方程 $ax^2 - 2cx + b = 0$ 的一根大于 1,一根小于 1.

结合函数 $f(x) = ax^2 - 2cx + b$ 的图像可知,只需证 $f(1) < 0$,即 $a - 2c + b < 0$. 由已知得结论成立.

证法 2(仅证后一不等式)

$$c - \sqrt{c^2 - ab} < a < c + \sqrt{c^2 - ab} \Leftrightarrow$$
$$-\sqrt{c^2 - ab} < a - c < \sqrt{c^2 - ab} \Leftrightarrow$$
$$|a - c| < \sqrt{c^2 - ab} \Leftrightarrow (a - c)^2 < c^2 - ab$$

整理后就是 $a^2 - 2ac + ab < 0$，由 $a > 0$ 及 $2c > a + b$ 知结论成立.

例 11 求函数 $u = \sqrt{2t+4} + \sqrt{6-t}$ 的最值.

分析 若对式子平方处理，将会把问题复杂化，因此该题用常规解法显得比较困难，考虑到式中有两个根号，故可采用两步换元，再结合图形解题.

解 设 $x = \sqrt{2t+4}, y = \sqrt{6-t}(-2 \leqslant t \leqslant 6)$，则

$$u = x + y. \text{且 } x^2 + 2y^2 = 16(0 \leqslant x \leqslant 4, 0 \leqslant y \leqslant 2\sqrt{2})$$

目标函数化为以 u 为参数的直线方程 $y = -x + u$，它与椭圆 $x^2 + 2y^2 = 16$ 在第一象限的部分（包括端点）有公共点（如图2.23）. 则 $u_{\min} = 2\sqrt{2}$.

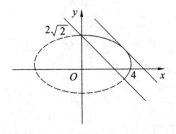

图 2.23

相切于第一象限时，u 取最大值

$$\begin{cases} y = -x + u \\ x^2 + 2y^2 = 16 \end{cases} \Rightarrow 3x^2 - 4ux + 2u^2 - 16 = 0$$

解 $\Delta = 0$，得 $u = \pm 2\sqrt{6}$，取 $u = 2\sqrt{6}$，所以 $u_{\max} = 2\sqrt{6}$.

习 题 2.6

1. 已知 $5x + 12y = 60$，则 $\sqrt{x^2 + y^2}$ 的最小值是 _____.

 A. $\dfrac{60}{13}$ B. $\dfrac{13}{5}$ C. $\dfrac{13}{12}$ D. 1

2. 已知集合 $P = \{(x,y) \mid y = \sqrt{9 - x^2}\}$，$Q = \{(x,y) \mid y = x + b\}$，若 $P \cap Q \neq \varnothing$，则 b 的取值范围是 _____.

 A. $|b| < 3$

 B. $|b| \leqslant 3\sqrt{2}$

C. $-3 \leqslant b \leqslant 3\sqrt{2}$

D. $-3 < b < 3\sqrt{2}$

3. 方程 $2^x = x^2 + 2x + 1$ 的实数解的个数是_____.

A. 1 B. 2 C. 3 D. 以上都不对

4. 已知 $|x| = ax + 1$ 有一个负根,且没有正根,那么 a 的取值范围是_____.

A. $a > -1$ B. $a = 1$ C. $a \geqslant 1$ D. $a \leqslant -1$

5. 方程 $x = 10\sin x$ 的实根的个数是_____.

6. 若不等式 $m > |x-1| + |x+1|$ 的解集是非空数集,那么实数 m 的取值范围是_____.

7. 若方程 $x^2 - 3ax + 2a^2 = 0$ 的一个根小于1,而另一根大于1,则实数 a 的取值范围是_____.

8. $\sin^2 20° + \cos^2 80° + \sqrt{3}\sin 20° \cdot \cos 80° = $ _____.

9. 设 $f(x) = \sqrt{1+x^2}, a>0, b>0$,且 $a \neq b$,求证:
$$|f(a) - f(b)| < |a-b|$$

10. 在定义域内不等式 $\sqrt{2-x} > x + a$ 恒成立,求实数 a 的取值范围.

11. 已知函数 $y = \sqrt{(x-1)^2 + 1} + \sqrt{(x-5)^2 + 9}$,求函数的最小值及此时 x 的值.

12. 若方程 $\lg(kx) = 2\lg(x+1)$ 只有一个实数解,求常数 k 的取值范围.

13. 已知 $a, b \in \mathbf{R}$,且 $a + b + 1 = 0$,求证:
$$(a-1)^2 + (b-1)^2 \geqslant \frac{9}{2}$$

14. 若不等式 $\sqrt{4x - x^2} > (a-1)x$ 的解集为 $\{x \mid 0 < x < 2\}$,求实数 a.

15. 证明三维柯西不等式:若 $a_i, b_i \in \mathbf{R}(i=1,2,3)$,则 $(a_1b_1 + a_2b_2 + a_3b_3)^2 \leqslant (a_1^2 + a_2^2 + a_3^2)(b_1^2 + b_2^2 + b_3^2)$.

16. 求函数 $f(x) = \sqrt{x^4 - 3x^2 - 6x + 13} - \sqrt{x^4 - x^2 + 1}$ 的最大值.

2.7 动静转换

除了永恒变化着的、永恒运动着的物质及其运动和变化的规律以外,再没有什么永恒的东西了.

—— 恩格斯

动与静是事物状态表现的两个侧面,它们相比较而存在,依情况而转化. 动中有静,静中寓动. 动与静是相对的,它们可以相互转化,静止可看成运动过程的瞬间,常量也可看作是变数的取值.

在数学解题中,可应用"动"的观点来处理"静"的数量和形态.

例1[①] 一个人在河里逆流游泳,在 A 处遗失了所携带的空水壶,他继续逆流游了 20 min,才发觉水壶失落,当即游回追寻,结果在距 A 下游 2 km 的 B 处找到,求水的流速.

分析与解1 常规解法须设未知数列方程求解.

设游泳速度为 x km/h,水流速度为 y km/h,如图2.24(a),根据此人自 $A \to C \to B$ 所花时间与水壶自 $A \to B$ 所花时间相等,列方程得

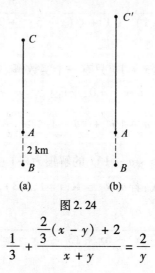

图 2.24

$$\frac{1}{3} + \frac{\frac{2}{3}(x-y)+2}{x+y} = \frac{2}{y}$$

[①] 罗增儒. 数学解题学引论[M]. 西安:陕西师范大学出版社,1997:2-4.

解得 $y = 3(\text{km/h})$.

分析与解 2 先静止. 如图 2.24(b), 假定水是静止的, 则此人自水壶遗失的 A 处游了 20 min 即 $\frac{1}{3}$ h 至 C' 处, 然后返回 A 处所花时间应该也是 $\frac{1}{3}$ h, 共花时间 $\frac{2}{3}$ h.

再运动. 若水是静止的, 水壶应还在 A 处, 但水壶在距离 A 下游 2 km 的 B 处, 我们立刻明白了此 2 km 就是水流在 $\frac{2}{3}$ h 内所走的路程, 因此水流速度为 $2 \div \frac{2}{3} = 3(\text{km/h})$.

评注 思考问题时经常需要换一个角度, 此例解题方法 2 就是通过"静"与"动"的转换, 以静制动, 巧妙地使问题本质暴露清楚. 本例引自参考文献[6], 解法 2 的思维方式的确独具匠心.

例 2 正三棱锥相邻两侧面所成的角为 α, 则 α 的取值范围是( ).

A. $(0°, 180°)$ B. $(0°, 60°)$

C. $(60°, 90°)$ D. $(60°, 180°)$

解 正三棱锥 $S-ABC$ 的底面为正三角形, 且顶点 S 在底面上的射影 O 为 $\triangle ABC$ 的中心. 现让正三棱锥变化运动起来, 若高 SO 无限增大, 正三棱锥将接近一个正三棱柱, 相邻的侧面所成角 α 趋近于 $60°$; 又让棱锥的高无限变小, 令 $SO \to 0$, 侧面贴近底面了, 则 $\alpha \to 180°$. 选 D.

上述解法是通过检验极端情形, 巧妙的解法来自于用运动变化的观点看问题.

例 3 正 $\triangle ABC$ 的边长为 a, 两顶点 A, B 分别在 x, y 轴上移动, 求第三个顶点 C 到原点距离的最大值与最小值.

分析与解 如图 2.25, 为求点 C 到原点距离的最值, 常规思路很自然想到须求出点 C 的运动轨迹. 但点 C 的轨迹不易求. 换一个角度看, 也可看作 $\triangle ABC$ 不动, 而坐标系运动, 点 O 轨迹是一个以 AB 为直径的圆.

在图 2.26 中, C 与 O 之间的最大、最小距离就一目了然了, 分别为 $\frac{\sqrt{3}}{2}a + \frac{a}{2}$ 和 $\frac{\sqrt{3}}{2}a - \frac{a}{2}$.

运动与静止是相对的, 甲静止而乙运动, 但相对于乙来说(即把乙看作静止的), 甲是在运动的. 正如我们每天看见太阳从东方升起向西边"走"去, 事实上我们知道是地球在转动.

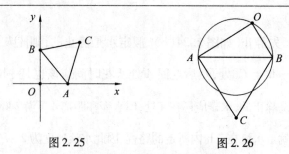

图 2.25　　　　　　　图 2.26

运动与静止不仅体现在图形中,代数问题如方程、函数等,其中的变量与常量也是相对的,变换一下角度,视常量为变量(或未知数),有时能够化繁为简,巧妙解题.

例 4　解关于 x,y,z 的方程组
$$\begin{cases} x+ay+a^2z+a^3=0 \\ x+by+b^2z+b^3=0 \\ x+cy+c^2z+c^3=0 \end{cases}$$

分析与解　这里 x,y,z 自然是未知数,a,b,c 为常数,线性方程组的解法也不难. 只是运算复杂. 转换视角,视 x,y,z 为已知数,则已知方程组表明 a,b,c 是一元三次方程 $x+yt+zt^2+t^3=0$ 的 3 个解. 根据韦达定理可知
$$\begin{cases} a+b+c=-z \\ ab+bc+ca=y \\ abc=-x \end{cases}$$

即得原方程组的解是 $\begin{cases} x=-abc \\ y=ab+bc+ca \\ z=-(a+b+c) \end{cases}$.

例 5　解方程:$\sqrt{6+\sqrt{6-x}}=x$.

分析　通过平方将此无理方程转化为有理方程,将出现四次方程,不易求解,不妨来个颠倒,将 x 视为常数,将 6 视为未知数.

解　将原方程两次平方并整理得
$$6^2-(2x^2+1)\cdot 6+(x^4+x)=0$$

解得
$$6=x^2+x \text{ 或 } 6=x^2-x+1$$

再解这两个关于 x 的一元二次方程得
$$x_1 = 2, x_2 = -3, x_3 = \frac{1+\sqrt{21}}{2}, x_4 = \frac{1-\sqrt{21}}{2}$$

经检验,x_1, x_2, x_4 是增根.

所以原方程的根是 $x = \frac{1+\sqrt{21}}{2}$.

例6 设 $a, b, c \in \mathbf{R}$,证明:
$$a^2 + ac + c^2 + 3b(a+b+c) \geq 0$$

并指出等号何时成立.

分析与证明 欲证不等式中有多个变量,我们可以先把一些变量视为常量,看作只有一个变量的函数.利用式中的平方项可以转化为二次函数问题来处理.

令
$$f(a) = a^2 + (3b+c)a + c^2 + 3b^2 + 3bc$$
$$\Delta = (3b+c)^2 - 4(c^2 + 3b^2 + 3bc) = -3(b+c)^2$$

因 $b, c \in \mathbf{R}$,则 $\Delta \leq 0$.

即 $f(a) = a^2 + ac + c^2 + 3b(a+b+c) \geq 0$ 恒成立.

当 $\Delta = 0$ 时,$b+c = 0$,此时,$f(a) = a^2 + ac + c^2 + 3ab = (a-c)^2 = 0$,即 $a = -b = c$ 时,不等式取等号.

例7 已知:$a + b + c = 0$,求证:$a^3 + b^3 + c^3 = 3abc$.

证法1 因为 $a + b + c = 0$,所以 $a + b = -c$.

则 $(a+b)^3 = -c^3$,展开整理得
$$a^3 + b^3 + c^3 = -3a^2b - 3ab^2 = -3ab(a+b) = 3abc$$

证法2 因为 $a + b + c = 0$,所以 $a + b = -c$.

则
$$a^3 + b^3 + c^3 - 3abc = (a+b)^3 + c^3 - 3ab(a+b) - 3abc =$$
$$(-c)^3 + c^3 - 3ab(-c) - 3abc = 0$$

证法3 用运动变化观点看,等式 $a + b + c = 0$ 可以视为齐次线性方程组
$$\begin{cases} ax + by + cz = 0 \\ bx + cy + az = 0 \\ cx + ay + bz = 0 \end{cases}$$

有非零解 $\begin{cases} x = 1 \\ y = 1 \\ z = 1 \end{cases}$. 则有 $\begin{vmatrix} a & b & c \\ b & a & c \\ c & b & a \end{vmatrix} = 0$，即

$$a^3 + b^3 + c^3 = 3abc$$

运动变化是几何证明题中十分常用的解题策略，主要体现为通过几何变换来解题.

例 8 如图 2.27(a)，P 是等边 $\triangle ABC$ 内一点，$PC = 3$，$PA = 4$，$PB = 5$，求 $\triangle ABC$ 边长.

分析 遇到这一题很可能会"百思不得其解". 但是，条件中的三个数字"3，4，5"应该会引起我们的注意.

这是一组勾股数组，很容易直觉联想到直角三角形. 但是目前这三条线段是分散的，我们应设法将这三条线段"集中起来"，使之围成一个直角三角形，这样就得到下面的巧妙解法：

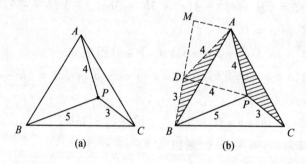

图 2.27

解 如图 2.27(b)，将 $\triangle APC$ 绕点 A 按顺时针方向旋转 $60°$ 到达 $\triangle ADB$ 的位置，联结 PD，则 $\triangle ADP$ 为正三角形，$AP = AD = PD = 4$，$DB = PC = 3$，$BP = 5$，在 $\triangle BDP$ 中，由勾股定理逆定理可知，$\angle PDB = 90°$，$\angle ADB = 150°$. 过 A 作 $AM \perp BD$ 交 BD 的延长线于 M，则 $\angle ADM = 30°$.

所以

$$AM = \frac{1}{2}AD = 2, DM = 2\sqrt{3}$$

故在 $\triangle AMB$ 中，有

$$AB = \sqrt{AM^2 + BM^2} = \sqrt{25 + 12\sqrt{3}}$$

例9 如图2.28,在正方形$ABCD$中,E,F分别是边BC,CD上的动点,且$\angle EAF = 45°$,$AH \perp EF$垂足为H,求证:$AH = AB$.

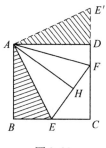

图2.28

分析与证明 一般首先想到的是证明三角形全等,如$\triangle ABE \cong \triangle AHE$,但似乎总是差一个条件. 题目已知$\angle EAF = 45°$,如何用上此条件就是解题的关键,也是难点.

将$\triangle ABE$绕点A逆时针旋转$90°$至$\triangle ADE'$,则F,D,E'共线.

因为$\angle BAD = 90°$,$\angle EAF = 45°$,所以$\angle BAE + \angle FAD = 45° = \angle FAE'$.

又$AE = AE'$,AF为公共边,所以$\triangle AEF \cong \triangle AE'F$. $AD \perp E'F$,所以$AH = AD = AB$.

例10(斯坦纳(Steiner)问题) 在三个角都小于$120°$的$\triangle ABC$所在平面上求一点P,使$PA + PB + PC$取得最小值.

分析与解 如图2.29(a),若能将三条线段PA,PB,PC首尾相接,就可以直观地看出它们的和何时最小. 应用图形变换就能达到此目的.

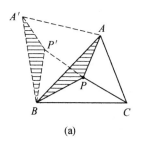 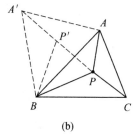

(a) (b)

图2.29

设P为平面上任意一点,将$\triangle ABP$绕点B旋转$60°$,至$\triangle A'BP'$,连PP'. 则$AP = A'P'$,$BP = BP'$,又$\angle PBP' = 60°$,所以$BP = PP'$. 因此

$$AP + BP + CP = A'P' + P'P + PC$$

由图可知,当且仅当 A', P', P, C 共线时,上式达到最小.参看图 2.29(b) 易知,此时有

$$\angle APB = \angle A'BP' = 120° = \angle BPC = \angle APC$$

注 例 9 中所求的点 P 称为三角形的费马(Fermat)点(又称为等角中心).

习题 2.7

1. 在正 $\triangle ABC$ 的 $\angle BAC$ 内作线段 AP,联结 BP, CP,求证:$AP \leqslant BP + CP$.

2. 如图,正方形的四个顶点分别为 $A(6,6), B(-4,3), C(-1,-7), D(9,-4)$,求正方形在第一象限部分的面积.

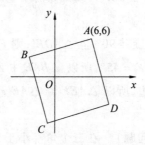

第 2 题

3. 如图,$ABCD, ALMN$ 都是正方形,K 是 DL 的中点,求证:$AK \perp BN$ 且 $AK = \dfrac{1}{2}BN$.

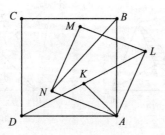

第 3 题

4. 在 $Rt \triangle ABC$ 中,$\angle B = 90°$,D 是 BC 中点,$\angle DAC = \theta$,求证:$\sin \theta \leqslant \dfrac{1}{3}$.

5. 证明:对任意实数 k,直线 $(1-2k^2)y - kx + 3pk = 0$ 必通过一定点.

6. 已知 $p = 4\sin^4\alpha, \alpha \in \left[\dfrac{\pi}{6}, \dfrac{5\pi}{6}\right]$,若不等式 $x^2 + px + 1 > 2x + p$ 对上述 p 都成立,解此不等式.

7. 两圆相交于 A, B,过 A 作 CD 分别交两圆于 C, D,则 $\dfrac{BC}{BD}$ 为定值.

8. 已知: $x, y, z, a, b > 0$ 且满足:
$$\begin{cases} x^2 + y^2 + xy = a^2 \\ x^2 + z^2 + xz = b^2 \\ y^2 + z^2 + yz = a^2 + b^2 \end{cases}$$
求 $x + y + z$(用 a, b 表示).

2.8 整 体 策 略

不谋全局者,不足谋一域.

——[清]陈澹然(《寤言二迁都建藩议》)

整体与局部是矛盾的双方.组成系统的各要素相互关联、相互制约,形成一个整体.看问题时,如果离开整体而孤立考察某些局部要素,解题时就如"盲人摸象",不得要领,或者一叶障目,目光狭窄.解题需要用整体观点认识问题,居高临下地把握问题的全局,从整体结构去理解题意,寻求解题的总体思路.

例 1(全国初中数学联赛,1985) 有甲、乙、丙三种货物,若购甲 3 件,购乙 7 件,购丙 1 件,共需要 315 元.若购甲 4 件,购乙 10 件,购丙 1 件,共需 420 元.问购甲、乙、丙各一件共需多少元?

分析与解 通常的想法是先求出甲、乙、丙三种货物的单价是多少.但是由于题目所给的已知条件少于未知数的个数,要求单价势必就得解不定方程,能否不求单价,而直接把甲、乙、丙各一件的价格当成一个整体来求呢?这就要求从整体上把握条件与结论之间的联系.

设甲、乙、丙的单价分别为 x, y, z 元,则由题意得

$$\begin{cases} 3x + 7y + z = 315 \\ 4x + 10y + z = 420 \end{cases}$$

题目实际上只要求 $x + y + z$ 的值,而不必非求 x, y, z 的值,因此设法分离出 $x + y + z$ 的值. 原方程组可以得到如下等价变形

$$\begin{cases} 2(x + 3y) + (x + y + z) = 315 \\ 3(x + 3y) + (x + y + z) = 420 \end{cases}$$

易得,$x + y + z = 105$,即购甲、乙、丙各一件共要 105 元.

例 2 已知五个半径为 1 的圆的位置如图 2.30 所示,各圆心的连线构成一个五边形,求图中阴影部分的面积.

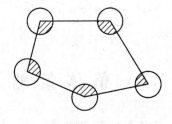

图 2.30

分析与解 由于五边形不具备特殊性,因此各个扇形的圆心角的度数均未知,从而不能分别求出各个扇形的面积,为此,要求重叠部分的面积就要将几个阴影部分(五个扇形)整体考虑. 如图 2.30,注意到五边形内角和为 540°,所以五个扇形的圆心角的和为 540°,又因为各个扇形的半径相等,所以重叠部分的面积为 1.5 个半径为 1 的圆的面积,为 $\dfrac{3\pi}{2}$.

例 3 桶中装有 20 kg 纯酒精,倒出 a kg,加入 a kg 水,然后再倒出 a kg 混合液,再加入 a kg 水,这时桶内溶液含纯酒精 5 kg,求 a.

解法 1 常规思路为按操作顺序,20 kg 减去第一次倒出的纯酒精,再减去第二次倒出液体中所含的纯酒精,等于剩下溶液中所含的 5 kg 纯酒精,可列方程

$$20 - a - \frac{(20 - a)a}{20} = 5$$

解得 $a = 10$.

解法 2 把第一次倒出再加水后的混合液当作一个整体,它与第二次倒出剩

下部分未加水时的溶液是同一种溶液,其酒精的含量(浓度)相同,则有

$$\frac{20-a}{20} = \frac{5}{20-a}$$

解得 $a = 10$. (第二次加水不影响酒精含量)

例4 设 $x_1, x_2, x_3, \cdots, x_9$ 都是非零实数,则在行列式 $\begin{vmatrix} x_1 & x_2 & x_3 \\ x_4 & x_5 & x_6 \\ x_7 & x_8 & x_9 \end{vmatrix} = x_1 x_5 x_9 + x_2 x_6 x_7 + x_3 x_4 x_8 - x_3 x_5 x_7 - x_2 x_4 x_9 - x_1 x_6 x_8$ 的展开式中的6项中,至少有一项为负数,也至少有一项为正数.

分析与解 从局部看,每一项的符号都不能确定,但是将此6项一起相乘可得

$$(x_1 x_5 x_9)(x_2 x_6 x_7)(x_3 x_4 x_8)(-x_3 x_5 x_7)(-x_2 x_4 x_9)(-x_1 x_6 x_8) = -(x_1 x_2 x_3 x_4 x_5 x_6 x_7 x_8 x_9)^2 < 0$$

6个数之积为负数,其中必有负数,但又不能全为负数,即其中必有正数.

评注 只注意局部不关注整体,往往会只见树木不见森林,整体看问题才能把握全局.

例5 设 n 为奇数,$a_1, a_2, \cdots, a_n$ 是 $1, 2, \cdots, n$ 的任一排列,证明:$(a_1 - 1)(a_2 - 2) \cdots (a_n - n)$ 必为偶数.

分析 单一看每一个 $a_i - i$,其奇偶性都不确定. 这里需要抓住关键——不确定中的"确定性".

由于 $a_1, a_2, \cdots, a_n$ 是 $1, 2, \cdots, n$ 的任一排列,每一个 a_i 都不确定,但全部 a_i 的和是不变(确定)的,等于 $1 + 2 + \cdots + n$. 利用这一确定性可以解题.

证明 假设 $(a_1 - 1)(a_2 - 2) \cdots (a_n - n)$ 为奇数,则 $(a_1 - 1), (a_2 - 2), \cdots, (a_n - n)$ 均为奇数. 注意到 n 为奇数,所以它们的和 $(a_1 - 1) + (a_2 - 2) + \cdots + (a_n - n)$ 是奇数个奇数之和,为奇数.

但 $(a_1 - 1) + (a_2 - 2) + \cdots + (a_n - n) = (a_1 + a_2 + \cdots + a_n) - (1 + 2 + \cdots + n) = 0$ 为偶数. 矛盾.

表明,$(a_1 - 1)(a_2 - 2) \cdots (a_n - n)$ 必为偶数.

例6 甲乙两人分别从 A, B 两地同时出发,相向而行,两人相遇在离 A 地 10 km 处,相遇后两人速度不变,继续前进,分别到达 B, A 地后立即返回,又在离 B 地 3 km

处相遇. 求 A,B 两地间的距离.

解法1(常规解法) 设 $AB = x$ km,甲、乙二人速度分别为 v_1, v_2,列方程得

$$\begin{cases} \dfrac{10}{v_1} = \dfrac{x-10}{v_2} \\ \dfrac{x+3}{v_1} = \dfrac{2x-3}{v_2} \end{cases}$$

解得 $x = 27(\text{km})$.

解法1看来并不太难,不过设了3个未知数,只列出2个方程,解题者可能心里没底,所幸两式相除 v_1, v_2 恰好都约去了.

解法2(整体考虑) 设 $AB = x$,第一次相遇,两人合起来走完1个"全程",此时甲走了 10 km;到第二次相遇时,两人共走了 3 个"全程". 则甲应走了 $3 \times 10 = 30(\text{km})$.

另一方面,甲走了 $x + 3 (\text{km})$.
故
$$x + 3 = 30, x = 27(\text{km})$$

例7 设 $n(n \geq 2)$ 名选手两两之间进行一场比赛,没有平局,第 i 名选手胜 w_i 场,负 l_i 场,求证:$\sum_{i=1}^{n} w_i^2 = \sum_{i=1}^{n} l_i^2$.

证明 考察整个比赛总场数这一整体. 每一场比赛都是1胜1负,故有

$$\sum_{i=1}^{n} w_i = \sum_{i=1}^{n} l_i$$

再看每一个人的胜负场数总和,应为 $n-1$ 场. 即 $w_i + l_i = n - 1$. 则

$$\sum_{i=1}^{n} w_i^2 - \sum_{i=1}^{n} l_i^2 = \sum_{i=1}^{n}(w_i^2 - l_i^2) = \sum_{i=1}^{n}(w_i + l_i)(w_i - l_i) =$$
$$(n-1) \sum_{i=1}^{n}(w_i - l_i) = (n-1)\left(\sum_{i=1}^{n} w_i - \sum_{i=1}^{n} l_i\right) = 0$$

整体意识还体现在解题时的观察,有的式子,往往在把握其整体结构后,才能看出其特征,打开思路.

例8 证明柯西不等式:设 $a_i, b_i \in \mathbf{R}(i = 1, 2, \cdots, n)$,则 $(a_1^2 + a_2^2 + \cdots + a_n^2) \cdot (b_1^2 + b_2^2 + \cdots + b_n^2) \geq (a_1 b_1 + a_2 b_2 + \cdots + a_n b_n)^2$. 当且仅当 $a_i = \lambda b_i (i = 1, 2, \cdots, n)$ 时取等号.

分析与证明 令 $A = a_1^2 + a_2^2 + \cdots + a_n^2, B = a_1b_1 + a_2b_2 + \cdots + a_nb_n, C = b_1^2 + b_2^2 + \cdots + b_n^2$.

则不等式就是"$AC \geqslant B^2$",形式上类似于二次函数的判别式.

构造函数
$$f(x) = (a_1^2 + a_2^2 + \cdots + a_n^2)x^2 + 2(a_1b_1 + a_2b_2 + \cdots + a_nb_n)x + (b_1^2 + b_2^2 + \cdots + b_n^2)$$

即欲证其判别式 $4(a_1b_1 + a_2b_2 + \cdots + a_nb_n)^2 - 4(a_1^2 + a_2^2 + \cdots + a_n^2)\cdot(b_1^2 + b_2^2 + \cdots + b_n^2) \leqslant 0$ 由此可知,只需证 $f(x) \geqslant 0$ 恒成立,这可以通过配方证明之:
$f(x) = (a_1x + b_1)^2 + (a_2x + b_2)^2 + \cdots + (a_nx + b_n)^2 \geqslant 0$.

例9 若 $a, b \in \mathbf{R}^*, c > \dfrac{a+b}{2}$,求证:$c^2 > ab$ 且 $c - \sqrt{c^2 - ab} < a < c + \sqrt{c^2 - ab}$. (见 2.6 节中例 10)

分析与证明 在 2.6 节我们曾利用其结构类似求根公式得到构造函数的巧妙解法.

若从整体看,令 $\sqrt{c^2 - ab} = m$,原不等式变成"$c - m < a < c + m$",这不是很像三角形中"两边之和大于第三边、两边之差小于第三边"么!由此我们又得到另一种构造图形的证法:

证明① 如图 2.31,作直径为 $2c$ 的圆 AB 为直径.在 OA 上异于点 O 的点 D 作弦 EF,设 $ED = a, DF = b$,则 $2c > a + b$.过 D 作 $GH \perp AB$,因为 $GD \cdot DH = ED \cdot DF$,所以 $c^2 > GD^2 = ab$.又因为

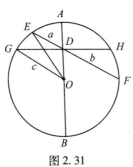

图 2.31

---

① 张雄,李得虎.数学方法论与解题研究[M].北京:高等教育出版社,2003:375-376.

$$DO = \sqrt{c^2 - GD^2} = \sqrt{c^2 - ab}$$

所以,在 $\triangle EDO$ 中,有

$$EO + DO > ED > EO - DO$$

即

$$c - \sqrt{c^2 - ab} < a < c + \sqrt{c^2 - ab}$$

证毕.

本例把握整体结构的策略在 2.2 节的例 4 也应用过.

诚然,上述证法远不如 2.6 节中例 10 的两种证法简洁,但是这种整体观察、构造图形的化归思想对我们很有启发.

例 10(2011 年全国卷 II 理) 如图 2.32,已知 O 为坐标原点,F 为椭圆 $C: x^2 + \dfrac{y^2}{2} = 1$ 在 y 轴正半轴上的焦点,过 F 且斜率为 $-\sqrt{2}$ 的直线 l 与 C 交于 A, B 两点,点 P 满足 $\vec{OA} + \vec{OB} + \vec{OP} = 0$.

(I)证明:点 P 在 C 上;

(II)设点 P 关于点 O 的对称点为 Q,证明:A, P, B, Q 四点在同一圆上.

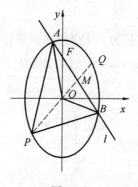

图 2.32

分析与解 (1)设 $A(x_1, y_1), B(x_2, y_2)$,直线 $l: y = -\sqrt{2}x + 1$,与 $x^2 + \dfrac{y^2}{2} = 1$ 联立得 $4x^2 - 2\sqrt{2}x - 1 = 0$,则 $x_1 + x_2 = \dfrac{\sqrt{2}}{2}, x_1 x_2 = -\dfrac{1}{4}$,由 $\vec{OA} + \vec{OB} + \vec{OP} = 0$ 得

$P(-(x_1 + x_2), -(y_1 + y_2)), -(x_1 + x_2) = -\dfrac{\sqrt{2}}{2}, -(y_1 + y_2) = -(-\sqrt{2}x_1 + 1 - $

$\sqrt{2}x_2+1)=\sqrt{2}(x_1+x_2)-2=-1$,由$\left(-\dfrac{\sqrt{2}}{2}\right)^2+\dfrac{(-1)^2}{2}=1$知点$P$在$C$上.

(2) 本题有多种方法,例如,可以根据圆的定义证明,或者证明四边形$APBQ$对角互补、利用相交弦定理之逆等. 这里介绍一种利用曲线系证明的简捷证法,体现了整体策略.

易知AB方程为$y=-\sqrt{2}x+1$,PQ方程为$y=\sqrt{2}x$.

则方程$(2x^2+y^2-2)+\lambda(\sqrt{2}x-y)(\sqrt{2}x+y-1)=0$表示经过直线$AB$和$PQ$与椭圆$C$的四个交点的曲线系,整理得$(2+2\lambda)x^2+(1-\lambda)y^2-\sqrt{2}\lambda x+\lambda y-2=0$. 当$2+2\lambda=1-\lambda$即$\lambda=-\dfrac{1}{3}$时,方程可化为$\left(x+\dfrac{\sqrt{2}}{8}\right)^2+\left(y-\dfrac{1}{8}\right)^2=\dfrac{99}{64}$表示圆,这表明$A,P,B,Q$四点在同一圆上.

上面的解法不是孤立的研究这四个交点(也不必解出交点坐标),而是利用曲线系方程整体考虑,综合解决了这四点共圆的问题. 其中,将两条直线AB,PQ方程合写成一个方程$(\sqrt{2}x-y)(\sqrt{2}x+y-1)=0$是一种常用的技巧,体现了整体思想和策略. 读者可尝试利用此法解习题2.8第8题.

习题 2.8

1. 设$(2x-1)^4=a_4x^4+a_3x^3+a_2x^2+a_1x+a_0$,则$a_4+a_2+a_0=$ _____.
2. 5人排成一行,甲在乙的左边(不一定相邻)的排法有多少种?
3. 四边形$ABCD$中,$\angle A=\angle C=90°$,$\angle B=60°$,$DC=1$,$AD=2$,求它的面积.
4. 设n个数$a_1,a_2,\cdots,a_n$的每一个都取1或-1,且有$a_1a_2a_3a_4+a_2a_3a_4a_5+\cdots+a_na_1a_2a_3=0$. 证明:$n$必是4的倍数.
5. 如图,是正四棱柱被一个平面所截得的几何体,底面边长为3,$AA_1=2$,$BB_1=3$,$CC_1=6$,求几何体的体积.
6. 求包含在正整数m与$n(m<n)$之间,分母为3的所有不同的既约分数之和.
7. 如果正四棱锥的侧面是正三角形,求证:它的相邻两个侧面所成的二面角是侧面和底面所成二面角的2倍.

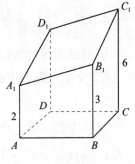

第 5 题

8. (2017年全国卷Ⅰ理) 已知椭圆 $C:\dfrac{x^2}{a^2}+\dfrac{y^2}{b^2}=1(a>b>0)$,四点 $P_1(1,1)$,$P_2(0,1)$,$P_3\left(-1,\dfrac{\sqrt{3}}{2}\right)$,$P_4\left(1,\dfrac{\sqrt{3}}{2}\right)$ 中恰有三点在椭圆 C 上.

(1) 求 C 的方程;

(2) 设直线 l 不经过点 P_2 且与 C 相交于 A,B 两点. 若直线 P_2A 与直线 P_2B 的斜率的和为 -1,证明:l 过定点.

2.9 正难则反

> 运用逆向思维,要经常反向思考问题.
>
> —— 卡尔·雅各布

当遇到的问题从正面难于解决时,需要改变策略,从其他方面入手,运用逆向思维或许能够找到解决问题的方法. 日常生活中有许多这样的例子,历史上的"司马光砸缸"、诸葛亮的"空城计""草船借箭"等典故,孙子兵法三十六计中的第二计"围魏救赵",都是运用逆向思维机智解决难题的实例.

逆向思维(又称反向思维)是相对于习惯性思维的另一种思维形式. 它的基本特点是从已有的思路的反方向去思考问题. 它对解放思想、开阔思路、解决某些难题、开创新的方向,往往能起到积极的作用.

在数学解题时,人们思维习惯大多是正面的、顺向的. 但是,有些数学问题,如果正面或顺向进行,难以解决,则不妨进行逆向思维,即从反面或逆向思考,这就是正难则反解题策略.这种策略提醒我们,从正面解决困难时可考虑反面求解,直接解决困难时可考虑间接解决,顺推困难时可考虑逆推.这种思维实际上是逆向思维,体现了思维的灵活性.正确巧妙地运用正难则反策略求解数学问题,常常可使人茅塞顿开,我们解决数学问题用到的反证法、逆推法、逆转主元等方法技巧正是正难则反策略的应用.

波利亚在其名著《怎样解题》中介绍了帕扑斯曾经引用过的一个例子(例1),说明"正难则反"的解题策略——要学会"倒着干".

例1 如果你只有两个容积分别为 9 L 和 4 L 的容器,怎样从一条河中恰好取出 6 L 水?

分析 在《怎样解题》中,波利亚对此例的解题思维过程描述得十分生动:

当碰到这个难题时,我们就像绝大多数人所做的那样.我们从两个空桶开始,试试这个,试试那个,我们倒空又装满,而当我们不成功时,我们重新开始,试试别的做法.我们在向前干,即,从给定的初始情况到所期望的最终情况,从已知数据到未知数.经过多次试验,我们偶尔也会成功.

随后波利亚提出了"倒着干"的思维方法:

要求我们干的是什么?(未知数是什么?)让我们尽可能清楚地想象一下我们所要达到的最后解答是怎样的.让我们设想,在我们面前,大桶中正好有 6 L 水,而小桶空空如也.

从前面什么情况我们能够得到所期望的最终情况呢?当然,我们能够灌满大桶,即灌到 9 L.但是,接着我们应该能够正好倒掉 3 L.而为了做到这点……我们必须在小桶中正好有 1 L 水!这就是念头.

至此,我们已经想到了应该怎么做了:先在装满 9 L 水的大桶中倒去两次 4 L,得 1 L 水,倒入小桶……

"倒着干"是一种理性思维,而非一开始试着摆弄两只桶那样盲目.上述例子很好地体现了"正难则反"的思维方法.

例2 有一篮李子不知其数,分给甲一半又一个,分给乙剩下的一半又一个,分给丙剩下的一半又三个,李子刚好分完,问原有李子多少个?

分析与解 此题可用列方程的方法求解.

设原有李子 x 个,由题意可知分给甲 $\frac{x}{2}+1$ 个,这时剩下 $x-(\frac{x}{2}+1)=\frac{x}{2}-1$

个，于是分给乙 $\dfrac{\frac{x}{2}-1}{2}+1=\dfrac{x}{4}+\dfrac{1}{2}$ 个，再由题意知丙分得 6 个，所以有

$$\left(\dfrac{x}{2}+1\right)+\left(\dfrac{x}{4}+\dfrac{1}{2}\right)+6=x$$

解之得 $x=30$.

可以看出，上述求解并不简单，如果采用逆推的方法，口算即可得答案：

由题意丙分得 6 个，往上推，乙分得 $6+1+1=8$（个），甲分得 $6+8+1+1=16$（个），所以，原有李子 $6+8+16=30$（个）.

例 3 100 名选手采用淘汰制争夺乒乓球单打冠军，共需比赛多少场？

分析与解 一般思路可能会考虑比赛进程，如何分组、半决赛、决赛等，结果发现情况十分复杂.

倒过来想，此冠军的产生必须淘汰 99 名选手，而每淘汰 1 名选手，就需比赛 1 场，每 1 场比赛恰淘汰 1 名选手，于是被淘汰的选手的集合与比赛场次之间有一一对应关系，因此共需比赛 99 场.

例 4 二次方程 $(1-i)x^2+(\lambda+i)x+(1+\lambda i)=0(\lambda\in\mathbf{R})$ 有两个虚根的充分必要条件是 λ 的取值范围是_____.

分析与解 二次方程有两个虚根，即方程无实根，若将 $\mathbf{R}$ 中使方程有实根的 λ 取值范围排除，即得解.

设 α 是方程的实根，则 $(1-i)\alpha^2+(\lambda+i)\alpha+(1+\lambda i)=0$，即

$$(\alpha^2+\lambda\alpha+1)+i(-\alpha^2+\alpha+\lambda)=0$$

因 $\alpha,\lambda\in\mathbf{R}$，则 $\alpha^2+\lambda\alpha+1=0$，且 $-\alpha^2+\alpha+\lambda=0$. 二式相加得 $(\lambda+1)\cdot(\alpha+1)=0$，所以 $\lambda=-1$ 或 $\alpha=-1$.

若 $\lambda=-1$，则方程 $\alpha^2-\alpha+1=0$ 无实根舍去；

若 $\alpha=-1$，则 $\lambda=2$，即当 $\lambda=2$ 时方程有实根.

故使方程有两个虚根应有 $\lambda\in\mathbf{R}$ 且 $\lambda\neq 2$.

例 5（2005 年高考湖北卷） 以平行六面体 $ABCD-A'B'C'D'$ 的任意三个顶点为顶点作三角形，从中随机取出两个三角形，则这两个三角形不共面的概率 p 为（   ）.

A. $\dfrac{367}{385}$ B. $\dfrac{376}{385}$ C. $\dfrac{192}{385}$ D. $\dfrac{18}{385}$

分析 以平行六面体的八个顶点中任取三点为顶点可以构成 56 个三角形,从这 56 个三角形中任取两个,这两个三角形不共面有多少种不同取法?直接去做较困难,若从问题的反面入手,找出共面的三角形的对数,问题较易解决.

解 以平行六面体 $ABCD - A'B'C'D'$ 的任意三个顶点为顶点作三角形共有 $C_8^3 = 56$ 个,从中随机取出两个三角形共有 $C_{56}^2 = 28 \times 55$ 种取法,其中两个三角形共面的为 $12C_4^2 = 12 \times 6$,故不共面的两个三角形共有 $(28 \times 55 - 12 \times 6)$ 种取法.

以平行六面体 $ABCD - A'B'C'D'$ 的任意三个顶点为顶点作三角形,从中随机取出两个三角形,则这两个三角形不共面的概率 p 为 $\dfrac{4 \times 367}{4 \times 385} = \dfrac{367}{385}$,选 A.

例 6 甲、乙两人轮流报数,要求每人每次按自然数顺序 1,2,3,… 最少报一个数,最多报三个数,谁先报 100,谁就获胜.甲后报,他能获胜吗?

分析与解 若从头来考虑依次报数情形,对问题的解决希望渺茫.反过来考虑,甲要获胜,必须报得 100,为保证甲可以报 100,之前一次乙只能报 97,98,99 中 1~3 个数,为此,甲在其之前(倒数第 2 次)务必报出 96(最大数).同理甲倒数第 3 次务必报 92,倒数第 4 次务必报 88……依次类推,第 1 次只需报得 4 就能保证获胜.依题设,甲后报,乙先报至多能报至 3,因此,按上述方法甲必能取胜.

例 7 今有 1 角 1 张,2 角 1 张,5 角 1 张,1 元 4 张,5 元 2 张.用这 9 张币付款,可付出不同数额的款多少种?

分析与解 枚举法虽然可解,但很烦琐.可以先把可组成的最大币值求出,再将不可能的币值剔除.

最大币值是 148(角).考虑角币中发现在 1~9 角中不能组成 4,9 角;元币中在 0~14 元中全部可以得到.因此共可以组成的币值有
$$148 - 2 \times 15 + 1 = 119 \text{ 种}(0 \text{ 元要除去})$$

在一些数学问题中,常采用一种称为"补集法"的解法,这也是正难则反解题策略的一种.

例 8 求常数 m 的范围,使曲线 $y = x^2$ 的所有弦都不能被直线 $y = m(x - 3)$ 垂直平分.

分析 直接求解较为困难,可以转化为先求反面情况:在曲线 $y = x^2$ 存在两点关于直线 $y = m(x - 3)$ 对称的 m 的取值范围,再求其补集.

解 设抛物线 $y=x^2$ 上存在两点 (x_1,x_1^2),(x_2,x_2^2) 关于直线 $y=m(x-3)$ 对称,则当 $m\neq 0$ 时,有

$$\begin{cases}\dfrac{x_1^2+x_2^2}{2}=m\left(\dfrac{x_1+x_2}{2}-3\right)\\ \dfrac{x_1^2-x_2^2}{x_1-x_2}=-\dfrac{1}{m}\end{cases}$$

化简得

$$\begin{cases}x_1^2+x_2^2=m(x_1+x_2-6)\\ x_1+x_2=-\dfrac{1}{m}\end{cases}$$

消去 x_2 得 $2x_1^2+\dfrac{2}{m}x_1+\dfrac{1}{m^2}+6m+1=0$.

因为存在两点,所以上述方程有解,则 $\Delta=\dfrac{-12m^3-2m^2-1}{m^2}>0$,即

$$(2m+1)(6m^2-2m+1)<0$$

解得 $m<-\dfrac{1}{2}$.

$m=0$ 时,曲线 $y=x^2$ 显然不存在被直线 $y=0$ 平分的弦,故所求 m 的取值范围是 $m\geqslant -\dfrac{1}{2}$.

例9 求二项式 $(\sqrt[11]{3}a+b)^{11}$ 展开式中所有无理项系数之和.

分析与解 直接计算各无理项系数必定很繁. 可先求出所有项系数之和,从中减去有理项系数之和.

令 $a=b=1$,则得所有项系数和为 $(\sqrt[11]{3}+1)^{11}$,而展开式中有理项只能是 $C_{11}^0\cdot 3\cdot a^{11}$ 和 $C_{11}^{11}b^{11}$,即有理项系数和为 $3+1=4$,故无理项系数和为 $(\sqrt[11]{3}+1)^{11}-4$.

例10 当 m 是什么整数时,关于 x 的方程 $x^2-(m-1)x+m+1=0$ 的两个根都是整数?

分析 直接法可由求根公式求出两根,但是需要分析讨论开方、整除等问题,较烦琐.

正难则反,不妨把关于 x 的二次方程看成关于 m 的一次方程,因为关于 x 的方

程有解,那么关于 m 的方程也应有解,且解是整数.

解 原方程化为 $(x-1)m = x^2 + x + 1$.

显然 $x = 1$ 不满足原方程,则 $x \neq 1, x - 1 \neq 0$.

因此有

$$m = \frac{x^2 + x + 1}{x - 1} = \frac{(x^2 + x - 2) + 3}{x - 1} = \frac{(x-1)(x+2) + 3}{x - 1} = x + 2 + \frac{3}{x - 1}.$$

依题设,m, x 均为整数,则 $x - 1$ 只能取 $\pm 1, \pm 3$,即 $x = 2, 0, 4, -2$.代入上式可得 $m = 7$ 或 $m = -1$.

例 11 求证 $\sqrt{2}$ 是无理数.

证明 假设 $\sqrt{2}$ 是有理数,于是,存在互质的正整数 m, n,使得 $\sqrt{2} = \frac{m}{n}$,从而有 $m = \sqrt{2}n$,因此 $m^2 = 2n^2$,所以 m 为偶数. 于是可设 $m = 2k(k$ 是整数$)$,从而 $4k^2 = 2n^2$,即 $n^2 = 2k^2$,所以 n 也为偶数. 这与 m, n 互质矛盾!由上述矛盾可知,假设错误. 从而 $\sqrt{2}$ 是无理数.

反证法堪称正难则反策略的典范,常常是解决疑难问题的有力工具. 英国近代数学家哈代曾经这样称赞它"……反证法是数学家最有力的一件武器,比起象棋开局时牺牲一子以取得优势的让棋法,它还要高明. 象棋对弈者不外牺牲一卒或顶多一子,数学家索性把全局拱手让予对方."

反证法大家比较熟悉,不再举例.

习题 2.9

1. 求一枚硬币连续投掷 6 次,至少出现 2 次正面的概率.

2. 已知 $A = \{1, 2, \cdots, m\}, B = \{1, 2, \cdots, n\}, m > n$. 则满足 $C \subseteq A$ 且 $B \cap C \neq \varnothing$ 的集合 C 有多少个?

3. 已知 $f(x) = 2x^2 + px + q$,求证:$|f(1)|, |f(2)|, |f(3)|$ 中至少有一个不小于 $\frac{1}{2}$.

4. 求证:抛物线 $y = \dfrac{x^2}{2} - 1$ 上不存在关于直线 $x + y = 0$ 对称的两点.

5. 已知 $a, b \in \mathbf{R}$,且 $|a| + |b| < 1$,方程 $x^2 + ax + b = 0$ 的两个根为 α, β. 求证:$|\alpha|$ 与 $|\beta|$ 均小于 1.

6. 已知 $a + b + c = \dfrac{1}{a} + \dfrac{1}{b} + \dfrac{1}{c} = 1$,求证:$a, b, c$ 中至少有一个等于 1.

7. 对满足不等式 $|\log_2 p| < 2$ 的一切实数 p,求使不等式 $x^2 + px + 1 > 3x + p$ 都成立的 x 的取值范围.

8. 关于 x 的二次方程 $x^2 - 2x - 3 + m = 0$ 在 $(0, +\infty)$ 上有两个不等的实根,求 m 的范围.

9. 若方程 $x^2 - mx + 4 = 0$ 在 $[-1, 1]$ 上有解,求 m 的取值范围.

2.10　化归策略

解题 —— 就是意味着把所要解决的问题转化为已经解过的问题.

—— C. A. 雅诺夫斯卡娅(苏联数学家)

在中学数学中,化归不仅是一种重要的解题思想,也是一种最基本的思维策略. 所谓的化归思想方法,就是在研究和解决有关数学问题时采用某种手段将问题通过变换使之转化,进而达到解决的一种方法. 一般总是将复杂问题通过变换转化为简单问题;将难解的问题通过变换转化为容易求解的问题;将未解决的问题通过变换转化为已解决的问题. 总之,化归在数学解题中几乎无处不在,化归的基本功能是:生疏化成熟悉,复杂化成简单,抽象化成直观.

前面所介绍的多种解题策略其实质都离不开转化、化归,如数形结合、对应思想、正难则反等都是通过将原问题化归为更易解决的问题. 本节着重介绍揭示化归思想实质的 RMI 原则以及几种特殊的化归方法与模式.

1. RMI 原则

"RMI"即"关系 – 映射 – 反演"(Relation-Mapping-Inciaence) 原则[①].

---

① 徐利治,郑毓信. 关系映射反演方法[M]. 南京:江苏教育出版社,1989.

关系映射反演法(简记为 RMI 原则)的基本思想是转换思想,即把一种待解决或未解决的问题,通过某种转化过程,归结到一类已经解决或比较容易解决的问题中去,最终求得原问题的解答. 关系映射反演法是在这一转换思想指导下处理数学问题的一种具体手段与方式.

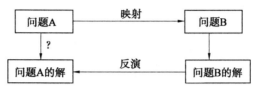

(1) 常用的化归方法

常用的化归方法:坐标法、复数法、参数法、对数法、换元法、向量法等都体现了 RMI 原则.

例1 求 $\arctan\dfrac{1}{2}+\arctan\dfrac{1}{3}$ 的值.

分析与解 通过求正切值是一种常规方法. 这里我们采用将问题化归为复数问题求解的解法.

$\arctan\dfrac{1}{2}$ 是复数 $2+\mathrm{i}$ 的辐角主值,$\arctan\dfrac{1}{3}$ 是 $3+\mathrm{i}$ 的辐角主值,两个复数的辐角相加,在复数乘法运算中可以实现.

因 $(2+\mathrm{i})(3+\mathrm{i})=5+5\mathrm{i}$,其辐角主值为 $\dfrac{\pi}{4}$. 而 $\arctan\dfrac{1}{2}$ 与 $\arctan\dfrac{1}{3}$ 均为锐角,因此 $\arctan\dfrac{1}{2}+\arctan\dfrac{1}{3}\in(0,\pi)$,故

$$\arctan\dfrac{1}{2}+\arctan\dfrac{1}{3}=\dfrac{\pi}{4}$$

上述解题策略用"RMI 原则"阐释如下所示:

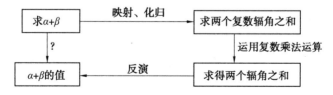

例2 证明:$\triangle ABC$ 的三条高 AD,BE,CF 交于一点 H(垂心).

三角形的垂心定理的证法较多,这里只介绍两种通过化归策略来证明的方法.

证法 1 化归为已知结论"三角形的三边垂直平分线交于一点"进行证明.

如图 2.33,过 A,B,C 分别作对边的平行线构成 $\triangle A'B'C'$,易知 $ABCB',ACBC'$ 都是平行四边形,则 $AB' = BC = AC'$,即 A 是 $B'C'$ 的中点. 于是可知 AD,BE,CF 是 $\triangle A'B'C'$ 的三边的垂直平分线,交于一点.

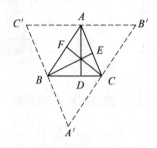

图 2.33

分析 2(向量法) 由 $AD \perp BC, BE \perp AC, AD \cap BE = H$ 知,要证明三条高交于一点,只需证明 $CH \perp AB$,即证明 $\overrightarrow{CH} \perp \overrightarrow{AB}$,只要证得 $\overrightarrow{CH} \cdot \overrightarrow{AB} = 0$ 即可. 证明时要充分利用好 $\overrightarrow{AH} \cdot \overrightarrow{BC} = 0$ 和 $\overrightarrow{BH} \cdot \overrightarrow{CA} = 0$ 这两个条件.

证明 如图 2.34,由 $AH \perp BC$ 得 $\overrightarrow{AH} \cdot \overrightarrow{BC} = 0$.

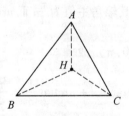

图 2.34

而 $\overrightarrow{AH} = \overrightarrow{CH} - \overrightarrow{CA}$,则 $(\overrightarrow{CH} - \overrightarrow{CA}) \cdot \overrightarrow{BC} = 0$,即

$$\overrightarrow{CH} \cdot \overrightarrow{BC} - \overrightarrow{CA} \cdot \overrightarrow{BC} = 0 \qquad ①$$

同理由 $\overrightarrow{BH} \cdot \overrightarrow{AC} = 0$ 可得 $(\overrightarrow{CH} - \overrightarrow{CB}) \cdot \overrightarrow{AC} = 0$ 即

$$\overrightarrow{CH} \cdot \overrightarrow{AC} - \overrightarrow{CB} \cdot \overrightarrow{AC} = 0 \qquad ②$$

① - ② 得: $\vec{CH} \cdot \vec{BC} - \vec{CH} \cdot \vec{AC} = 0$, 即

$$\vec{CH} \cdot (\vec{BC} - \vec{AC}) = 0$$

即有 $\vec{CH} \cdot \vec{BA} = 0$, 即 $CH \perp AB$. 表明三角形的三条高交于一点.

(2) 母函数法

母函数法最早见于1812年拉普拉斯(Laplace)的名著《概率解析理论》. 这种方法就是把幂级数与离散数列一一对应起来,通过研究幂级数的特点从而得到离散数列的特征. 先看下面的问题:

(Ⅰ) 引例

现有1元币3张,2元币2张,5元币1张,可组成多少种不同的币值? 每种币值有几种组成方法?

分析 虽然此例用枚举法也可求解,但枚举法不能揭示一般规律,而且币值或每种币值的张数稍微多一些,枚举法就会非常繁.

先看表2.1.

表 2.1

	1元币 (3张)	2元币 (2张)	5元币 (1张)
可组成的币值	0 1 2 3	0 2 4	0 5

组成的每一种币值就是在3列币值中各取一个数相加所得的和,例如6元有两种组成方法即

$$6 = 1 + 0 + 5 = 2 + 4 + 0$$

联想到幂的运算法则中有:同底数幂相乘——"指数相加",可构造下列乘积

$$(1 + x + x^2 + x^3)(1 + x^2 + x^4)(1 + x^5)$$

考察上式展开后各项系数可知, x^6 项的系数为2. 这是由 $x \cdot 1 \cdot x^5$ 及 $x^2 \cdot x^4 \cdot 1$ 所得两项合并为 $2x^6$, 对应着6元有2种组成方法 "$6 = 1 + 0 + 5$ 及 $6 = 2 + 4 + 0$".

由上述展开式可以求出所有不同次数项的系数也即不同币值和组成情况.

在这一问题中,级数 $1+x+x^2+x^3$ 中的各项的"次数"对应 1 元币 3 张可能组成的币值序列:0,1,2,3. 可称多项式函数 $f(x)=1+x+x^2+x^3$ 为离散数列"0,1,2,3"的母函数(或生成函数).

一般地,存在与离散数列(如 $a_0,a_1,\cdots,a_n$)相对应的一个幂级数(如 $f(x)=a_0+a_1x+\cdots+a_nx^n$),若数列的结合关系对应幂级数的某种运算关系,这样的幂级数称为数列 $\{a_n\}$ 的母函数.

母函数法深刻体现了"RMI 原则":

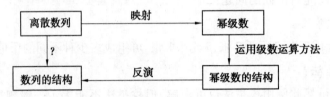

常用的母函数有:

① $C_n^0,C_n^1,\cdots,C_n^n$ 的母函数为

$$(1+x)^n = C_n^0 + C_n^1 x + C_n^2 x^2 + \cdots + C_n^n x^n$$

② 无穷数列 $0,1,2,\cdots$ 的母函数为

$$\frac{1}{1-x} = 1 + x + x^2 + \cdots$$

③ 欧拉公式

$$(1-x)^{-r} = \sum_{n=0}^{+\infty} C_{r+n-1}^n x^n = 1 + C_r^1 x + C_{r+1}^2 x^2 + \cdots$$

(Ⅱ)应用举例

例3 (1) 不定方程 $x_1+x_2+x_3=9$ 有多少个正整数解?(2) 不定方程 $x_1+x_2+x_3=9$ 有多少个非负整数解?

解法1(见 3.3 节例 3) (1) 略.

(2) 令 $y_i=x_i+1(i=1,2,3)$,则

$$x_1+x_2+x_3=9 \qquad ①$$

$$y_1+y_2+y_3=12 \qquad ②$$

方程①的非负整数解与方程②的正整数解之间有一一对应关系.

因此,所求个数等于方程②的正整数解个数 C_{11}^3.

上述解法同样很好地体现了"关系、映射、反演"的化归原则.

解法2(母函数法)

(1) x_i 的取值序列为 $1,2,3,\cdots$.

因此,母函数是 $f(x) = (x + x^2 + x^3 + \cdots)^3 = x^3 \cdot (1-x)^{-3}$. 展开式中 x^9 的系数为 $C_{3+6-1}^6 = C_8^2 = 28$, 即共有 28 个正整数解.

(2) 类似于(1),母函数是 $f(x) = (1 + x + x^2 + x^3 + \cdots)^3 = (1-x)^{-3}$, 展开式中 x^9 的系数为 $C_{3+9-1}^9 = C_{11}^2 = 55$, 即共有 55 个非负整数解. 母函数法用于求解一些复杂的计数问题时十分便利.

例4 求不定方程 $x_1 + x_2 + x_3 + x_4 + x_5 = 21$ 的所有正奇数解?

解 x_i 的取值序列为 $1,3,5,\cdots$.

因此,母函数是
$$f(x) = (x + x^3 + x^5 + \cdots)^5 = x^5 \cdot (1-x^2)^{-5}$$

若求展开式中 x^{21} 的系数, 只需求 $(1-x^2)^{-5}$ 展开式中 x^{16} 的系数. 也即求 $(1-X)^{-5}$ 中 X^8 的系数, 为 $C_{5+8-1}^8 = C_{12}^4 = 495$.

故原方程共有 495 个正奇数解.

例5 求不定方程 $2x + 3y + z = 7$ 的非负整数解的个数.

解 母函数为
$$(1 + x^2 + x^4 + \cdots)(1 + x^3 + x^6 + \cdots)(1 + x + x^2 + \cdots) = \frac{1}{(1-x^2)(1-x^3)(1-x)}$$

所求方程的非负整数解的个数即为母函数展开式中 x^7 的系数. 计算得答案为 8.

一般地,对于整系数不定方程
$$p_1 x_1 + p_2 x_2 + \cdots + p_n x_n = r$$

其非负整数解的个数 a_r 是 $\dfrac{1}{(1-x^{p_1})(1-x^{p_2})\cdots(1-x^{p_n})}$ 的展开式中 x^r 的系数.

例6 把一颗骰子连掷 10 次,问一共出现 30 点的概率是多少?

解 设第 i 次所掷点数为 x_i, 则

$$1 \leqslant x_i \leqslant 6 (i=1,2,\cdots,10)$$

所求出现 30 点的情形数目为不定方程 $x_1 + x_2 + x_3 + \cdots + x_{10} = 30$ 在范围 $1 \leqslant x_i \leqslant 6(i=1,2,\cdots,10)$ 内的解的个数. 对应的母函数是

$$f(x) = (x + x^2 + \cdots + x^6)^{10} = x^{10} \cdot \left(\frac{1-x^6}{1-x}\right)^{10} =$$

$$x^{10} \cdot (1-x^6)^{10} \cdot (1-x)^{-10} =$$

$$x^{10} \cdot \sum_{n=0}^{\infty} C_{10+n-1}^{n} x^n \cdot (1 - C_{10}^1 x^6 + C_{10}^2 x^{12} - C_{10}^3 x^{18} + \cdots)$$

欲求上式展开式中 x^{30} 的系数,求得

$$C_{10+20-1}^{20} - C_{10+14-1}^{14} C_{10}^1 + C_{10+8-1}^{8} C_{10}^2 - C_{10+2-1}^{2} C_{10}^3 = 2\,930\,455$$

又所有情形数目为 6^{10}. 所以所求概率是 $P = \dfrac{2\,930\,455}{6^{10}}$.

(3) 求递归数列的通项

母函数法还可用于求解线性递归数列的通项.

例7 数列 $\{a_n\}$ 满足关系式

$$a_n = 4a_{n-1} - 3a_{n-2} (n \geqslant 2) \qquad ①$$

且 $a_0 = 1, a_1 = 2$,求 a_n.

解 设 $\{a_n\}$ 的母函数为

$$f(x) = a_0 + a_1 x + a_2 x^2 + \cdots + a_n x^n + \cdots \qquad ②$$

则

$$-4xf(x) = -a_0 x - a_1 x^2 - a_2 x^3 - \cdots - a_{n-1} x^n - \cdots$$

$$3x^2 f(x) = a_0 x^2 + \cdots + a_{n-2} x^n + \cdots$$

三式相加,并注意到 $a_n - 4a_{n-1} + 3a_{n-2} = 0 (n \geqslant 2)$,得

$$(1 - 4x + 3x^2) f(x) = a_0 + (a_1 - 4a_0) x$$

代入初始值 $a_0 = 1, a_1 = 2$,解出 $f(x)$,得

$$f(x) = \frac{1-2x}{1-4x+3x^2} = \frac{1}{2}\left(\frac{1}{1-3x} + \frac{1}{1-x}\right) = \qquad ③$$

$$\frac{1}{2}\left(\sum_{n=0}^{+\infty} (3x)^n - \sum_{n=0}^{+\infty} x^n\right) = \sum_{n=0}^{+\infty} \frac{1}{2}(3^n + 1)x^n$$

比较②和③中 x^n 的系数,即得

$$a_n = \frac{1}{2}(3^n + 1)$$

由于上述方法的程序化特征,易见这种母函数法适用于求解一般的线性递归数列问题.

2. 递归模式

一个数列,如果给出递推关系(也称递归方程)及初始值,就可以推得这个数列的所有项. 例如已知数列 $\{a_n\}$ 满足: $a_1 = a_2 = 1, a_{n+2} = a_{n+1} + a_n (n = 1,2,3,\cdots)$,则可知数列 $\{a_n\}$ 各项为: $1,1,2,3,5,8,13,21,34,55,89,\cdots$

根据递推数列的这一特点,在解某些数学问题时,可先将问题归结为数列问题,然后通过建立递归方程并求出初始值,然后求解递归方程得到数列通项公式. 这种解题模式就是"递归模式",常用来解决一些其他方法无法解决的难题. 运用这种解题模式在建立递推关系时需要运用化归思想.

例8 凸 n 边形的对角线有多少条?

解 ① 先将问题归结为数列问题,并求初始值.

设凸 n 边形的对角线有 a_n 条,则 $a_4 = 2, a_5 = 5$.

② 求解递推关系.

为此,考察 a_{n+1} 与 a_n 的关系,如图 2.35,易知,当凸 n 边形增加 1 个顶点时,将增加 $(n-2)+1$ 条对角线,即有 $a_{n+1} - a_n = n - 1$,则有

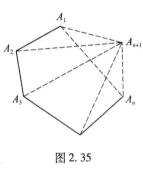

图 2.35

$$a_4 = 2$$
$$a_5 - a_4 = 3$$
$$\vdots$$
$$a_n - a_{n-1} = n - 2$$

累加可得 $a_n = 2 + 3 + 4 + \cdots + n - 2 = \dfrac{(n-3) \cdot n}{2}$.

例9（河内塔问题） 古印度传说,开天辟地之神勃拉玛在神庙内留下三根金刚石柱甲、乙、丙(如图2.36),甲柱上有64个金盘,大的在下、小的在上依次叠放.命僧人将64个金盘全部搬至乙柱上,规定:一次只能搬动一个金盘,搬动过程中,大盘不能放在小盘的上面,丙柱可以临时摆放.勃拉玛预言:若搬动一次需1 s,当64个金盘全部搬至乙柱上时,就是世界末日！试研究完成搬动需多少时间？

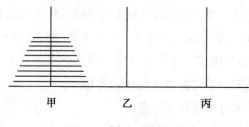

图2.36

解 先将问题一般化,有 n 个金盘时,需搬动 a_n 次,则 $a_1 = 1, a_2 = 3, a_3 = 7$.
今有 n 个金盘,为将它们从甲柱搬至乙柱上,需经历下列步骤:

(1) 先将上边的 $n-1$ 个金盘搬至丙柱上,需搬 a_{n-1} 次;
(2) 再把最下面的大圆盘搬至乙柱上,需搬 1 次;
(3) 最后把丙柱上的 $n-1$ 个金盘搬至乙柱上,需搬 a_{n-1} 次.

因此有,$a_n = 2a_{n-1} + 1$,变形得,$a_n + 1 = 2(a_{n-1} + 1)$,令 $b_n = a_n + 1$,则 $\{b_n\}$ 是等比数列,公比为 2,$b_1 = a_1 + 1 = 2$,所以 $b_n = 2 \cdot 2^{n-1} = 2^n$. 故 $a_n = 2^n - 1$.

回到本题,$a_{64} = 2^{64} - 1$(次),则搬完需花时间

$$2^{64} - 1(\text{s}) \approx 5\,845.45(\text{亿年})$$

太阳系的寿命不过100亿年,所以这一传说中勃拉玛预言金盘搬完就是世界末日的预言一点也不奇怪.

例10 某人有 $n(n \geq 1)$ 颗奶糖,从元旦起,每天至少吃1颗,吃完奶糖共有多少种不同方法？

解法1（递归方法） 设有 a_n 种吃糖方法,显然 $a_1 = 1, a_2 = 2$.
现考察 $n+1$ 颗奶糖的吃法数目 a_{n+1},为此,对第1天吃糖的情况分类:

(1) 第1天吃1颗糖,则其余 n 颗糖的吃法有 a_n 种;

(2) 第1天吃2颗糖,则其余 $n-1$ 颗糖的吃法有 a_{n-1} 种;

……

(n) 第1天吃 n 颗糖,则其余1颗糖的吃法有 a_1 种;

(n+1) 第1天吃 $n+1$ 颗糖,则有1种吃法.

根据加法原理,有

$$a_{n+1} = a_n + a_{n-1} + \cdots + a_1 + 1$$

注意到 $a_n = a_{n-1} + \cdots + a_1 + 1$,所以有 $a_{n+1} = 2a_n$.

$\{a_n\}$ 是等比数列,公比为2,又 $a_1 = 1$,所以 $a_n = 2^{n-1}$.

解法2(化归为不定方程正整数解问题) 设吃完 n 颗奶糖共需 $k(k=1,2,\cdots,n)$ 天,第 i 天吃 x_i 颗糖$(i=1,2,\cdots,k)$.

k 天吃完糖的吃法数目即求不定方程 $x_1 + x_2 + \cdots + x_k = n$ 的正整数解的个数,为 C_{n-1}^{k-1}. 故共有吃糖方法数为

$$\sum_{k=1}^{n} C_{n-1}^{k-1} = C_{n-1}^{0} + C_{n-1}^{1} + C_{n-1}^{2} + \cdots + C_{n-1}^{n-1} = 2^{n-1}$$

3. 其他化归方法

数学解题中的化归策略还有很多,这里再介绍两种可能容易被忽视的化归.

(1) 分类

分类其实是一种化归策略,将一般情形合理划分为若干不同情形各个击破. 其中的特殊情形往往容易解决,然后将其他情形化归为特殊情形.

圆周角的性质"圆周角等于同弧所对圆心角的一半"的证明方法体现了深刻的化归思想——一般化归为特殊.

例11 求证:圆周角等于同弧所对圆心角的一半.

证明 (1) 当圆周角的一边经过圆心时,如图2.37(a),易知 $\alpha = 2\beta$;

(2) 其他情形,如图2.37(b),(c),过圆周角顶点 A 作直径,问题即转化为特殊情形(1),容易得知 $\angle BOC = 2\angle BAC$ 成立.

上述化归方法还很好地诠释了波利亚的特殊化解题思想——当不能解决当前的问题时,你可以先解一个相关的问题,如更特殊的问题,更简单的问题……也是 P. 路莎关于"化归思想"阐述很好的例证.

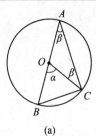 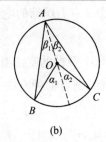 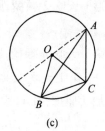

(a) (b) (c)

图 2.37

例 12 在单位正方形的周界上任意两点之间连一条曲线 l，如果它将正方形分为面积相等的两部分，试证：这曲线的长度不小于 1.

分析与解 分三种情况讨论.

(1)"周界任两点"在正方形一组对边上，如图 2.38(a)，显然结论成立即 $l \geq 1$.

(2)"周界任意两点"在正方形一组邻边上，可连对角线 MN，如图 2.38(b).

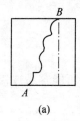 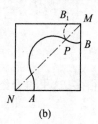 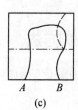

(a) (b) (c)

图 2.38

曲线 l 必与对角线相交(如若不然，与这曲线平分正方形面积不符). 从 M 开始的第一个交点设为 P，$\overset{\frown}{PB}$ 关于 MN 的对称图形为 $\overset{\frown}{B_1P}$，这时 $\overset{\frown}{B_1P} + \overset{\frown}{AP} = l$. 而 A, B_1 为正方形一组对边上的点，问题转化为(1)的情形，得 $l \geq 1$.

(3)"周界任二点"在正方形同一边上时，如图 2.38(c)，连一组对边中点连线，经过轴对称化归为(1)的情形，参照图 2.38(c)，请读者写出证明.

综合(1),(2),(3)可得命题成立.

在高考题中，这样的解题策略也很实用.

例 13(2005 年高考全国卷 Ⅰ) 已知椭圆的中心为坐标原点 O，焦点在 x 轴上，斜率为 1 且过椭圆右焦点 F 的直线交椭圆于 A, B 两点，$\overrightarrow{OA} + \overrightarrow{OB}$ 与 $\vec{a} = (3, -1)$

共线.

（Ⅰ）求椭圆的离心率；

（Ⅱ）设 M 为椭圆上任意一点，且 $\overrightarrow{OM} = \lambda \overrightarrow{OA} + \mu \overrightarrow{OB}(\lambda, \mu \in \mathbf{R})$，证明 $\lambda^2 + \mu^2$ 为定值.

分析与解　（Ⅰ）设椭圆方程为 $\dfrac{x^2}{a^2} + \dfrac{y^2}{b^2} = 1$，将 $A(x_1, y_1), B(x_2, y_2)$ 代入椭圆方程相减可得

$$\frac{y_1 - y_2}{x_1 - x_2} = -\frac{b^2}{a^2} \cdot \frac{x_1 + x_2}{y_1 + y_2} = k_{AB} = 1 \qquad ①$$

由 $\overrightarrow{OA} + \overrightarrow{OB}$ 与 $\vec{a} = (3, -1)$ 共线可知

$$\frac{x_1 + x_2}{y_1 + y_2} = -3 \qquad ②$$

代入 ① 就得 $\dfrac{1}{3} = \dfrac{b^2}{a^2} = \dfrac{a^2 - c^2}{a^2} = 1 - e^2$，所以 $e = \dfrac{\sqrt{6}}{3}$.

（Ⅱ）先探求定值. 题目蕴涵着"M 为椭圆上任意一点时 $\lambda^2 + \mu^2$ 为定值"，可令 M 与 A 重合，得 $\overrightarrow{OA} = \lambda \overrightarrow{OA} + \mu \overrightarrow{OB}$，但 $\overrightarrow{OA}$ 与 $\overrightarrow{OB}$ 不共线，所以 $\lambda = 1, \mu = 0$. 由此可知，定值为 1. 只需证 $\lambda^2 + \mu^2 = 1$.

设动点坐标为 $M(x, y)$，等式 $\overrightarrow{OM} = \lambda \overrightarrow{OA} + \mu \overrightarrow{OB}$ 用坐标表示为

$$\begin{cases} x = \lambda x_1 + \mu x_2 \\ y = \lambda y_1 + \mu y_2 \end{cases}$$

注意到椭圆方程中就有定值"1"，而 M, A, B 均在椭圆上，则有

$$1 = \frac{x^2}{a^2} + \frac{y^2}{b^2} =$$

$$\lambda^2 \left(\frac{x_1^2}{a^2} + \frac{y_1^2}{b^2} \right) + \mu^2 \left(\frac{x_2^2}{a^2} + \frac{y_2^2}{b^2} \right) + 2\lambda\mu \left(\frac{x_1 x_2}{a^2} + \frac{y_1 y_2}{b^2} \right) =$$

$$\lambda^2 + \mu^2 + 2\lambda\mu \left(\frac{x_1 x_2}{a^2} + \frac{y_1 y_2}{b^2} \right)$$

欲证 $\lambda^2 + \mu^2 = 1$，只需证

$$\frac{x_1 x_2}{a^2} + \frac{y_1 y_2}{b^2} = 0 \qquad ③$$

因直线 AB 过右焦点 $(c,0)$，则直线 AB 的方程为 $y = x - c$，结合式 ② 可得

$$x_1 + x_2 = -3(y_1 + y_2) = -3(x_1 + x_2 - 2c)$$

所以 $x_1 + x_2 = \frac{3}{2}c, y_1 + y_2 = -\frac{1}{2}c$，则

$$\frac{(x_1 + x_2)^2}{a^2} + \frac{(y_1 + y_2)^2}{b^2} = \frac{1}{4}\left(\frac{9c^2}{a^2} + \frac{c^2}{b^2}\right) = 2$$

即 $2 + 2\left(\frac{x_1 x_2}{a^2} + \frac{y_1 y_2}{b^2}\right) = 2$，所以 $\frac{x_1 x_2}{a^2} + \frac{y_1 y_2}{b^2} = 0$. 证毕.

上述解法中，利用一般化归为特殊的策略，先探求出定值为 1，使目标明朗化是简化解题过程的关键，正如波利亚所说解题首先必须"弄清问题""有的放矢"使探索过程变得清晰. 巧妙利用定值"1"，则充分发挥了题中每一个信息的作用，使解题的思维分析过程自然流畅.

(2) 换元

换元法是一种简单实用的解题策略，人们都很熟悉. 解题中通过换元往往可以化繁为简、化难为易. 必须领会到换元法的化归作用，才能熟练应用换元法解题.

例 14 已知 $a > b > c$，求证：$\dfrac{1}{a-b} + \dfrac{1}{b-c} \geq \dfrac{4}{a-c}$.

分析与解 令 $a - b = m, b - c = n$，则 $a - c = m + n$. m, n 均为正数. 原不等式化为 $\dfrac{1}{m} + \dfrac{1}{n} \geq \dfrac{4}{m+n} (m, n > 0)$.

与原不等式相比，后一不等式由于变数字母更少，变形过程必然更简单容易. 而我们只不过作了简单的代换.

有些题目其实不难，只是命题者让题目改换面貌，使得从形式上看题目似乎很难. 应用换元法，就可以看清问题实质、恢复题目的本来面目.

例 15 设 $x_0 > x_1 > x_2 > x_3 > 0$，要使 $\log_{\frac{x_0}{x_1}} 1993 + \log_{\frac{x_1}{x_2}} 1993 + \log_{\frac{x_2}{x_3}} 1993 \geq k \log_{\frac{x_0}{x_3}} 1993$ 恒成立，则 k 的最大值是多少？

分析与解 这是一道数学竞赛题，其难度主要来自形式上复杂烦琐，通过换元可化解之.

先化为 1 993 为底的对数式得

$$\frac{1}{\log_{1\,993}x_0 - \log_{1\,993}x_1} + \frac{1}{\log_{1\,993}x_1 - \log_{1\,993}x_2} +$$
$$\frac{1}{\log_{1\,993}x_2 - \log_{1\,993}x_3} \geq \frac{k}{\log_{1\,993}x_0 - \log_{1\,993}x_3} \quad ①$$

令 $\log_{1\,993}x_i = a_i (i = 0,1,2,3)$，则 $a_0 > a_1 > a_2 > a_3 > 0$. 式 ① 化为

$$\frac{1}{a_0 - a_1} + \frac{1}{a_1 - a_2} + \frac{1}{a_2 - a_3} \geq \frac{k}{a_0 - a_3} \quad ②$$

式 ② 有 5 个变数字母，仍不够简洁，继续换元．

令 $a_0 - a_1 = a, a_1 - a_2 = b, a_2 - a_3 = c$，则 $a_0 - a_3 = a + b + c$，且 $a,b,c > 0$. 式 ② 又化为

$$\frac{1}{a} + \frac{1}{b} + \frac{1}{c} \geq \frac{k}{a + b + c} \quad ③$$

至此，只要熟悉不等式 $(a + b + c)\left(\frac{1}{a} + \frac{1}{b} + \frac{1}{c}\right) \geq 9$，求满足 ③ 的 k 的最大值已不再是难题了. 易知 $k_{\max} = 9$.

例 16 解方程 $\sqrt{2x - 6} + \sqrt{x + 4} = 5$.

分析 这并不是一道难题，经过两次平方即可化为整式方程求解. 这里想说明的，是利用换元可以简化求解过程.

令 $\sqrt{x + 4} = y \geq 0$，则 $x = y^2 - 4, \sqrt{2x - 6} = \sqrt{2y^2 - 14}$. 原方程化为

$$\sqrt{2y^2 - 14} = 5 - y (\sqrt{7} \leq y \leq 5)$$

这时，只需要一次平方就行了（解略）．

可想而知，这个方程比起直接平方求解原方程计算简单了许多. 但这种换元化归的解题策略往往被解题者忽视.

三角代换是常用的换元法，通过代换，可将代数问题转化为三角问题求解. 由于三角代换比较常见，这里仅举一例说明.

例 17 设 $-1 < a < 1, -1 < b < 1$，求证：

$$\frac{1}{1 - a^2} + \frac{1}{1 - b^2} \geq \frac{2}{1 - ab}$$

证明 设 $a = \sin\alpha, b = \sin\beta$，则

$$\frac{1}{1-a^2} + \frac{1}{1-b^2} = \frac{1}{1-\sin^2\alpha} + \frac{1}{1-\sin^2\beta} =$$

$$\frac{(1-\sin^2\beta)+(1-\sin^2\alpha)}{(1-\sin^2\alpha)(1-\sin^2\beta)} = \frac{\cos^2\beta+\cos^2\alpha}{\cos^2\alpha\cos^2\beta} \geq$$

$$\frac{2|\cos\alpha\cos\beta|}{\cos^2\alpha\cos^2\beta} = \frac{2}{|\cos\alpha\cos\beta|} =$$

$$\frac{2}{|\cos(\alpha-\beta)-\sin\alpha\sin\beta|} \geq$$

$$\frac{2}{1-\sin\alpha\sin\beta} = \frac{2}{1-ab}$$

习 题 2.10

1. 设 $\triangle ABC$ 的外接圆半径为 R,垂心为 H,证明:
$$AH^2 + BC^2 = 4R^2$$

用母函数法求解 2~4 题:

2. 20 个相同的小球全部放入三个编号为 1,2,3 的盒内,要求球数不小于编号数,有多少种不同放法?

3. 求不定方程 $2x_1 + x_2 + x_3 + \cdots + x_{10} = 3$ 的非负整数解的个数.

4. 求不定方程 $x_1 + x_2 + x_3 = 14$ 的不大于 8 的非负整数解的个数.

5. 一楼梯共有 n 级,规定每一步只能跨 1 级或 2 级,问不同的上楼梯方法有多少种?

6. 正方形纸的内部有 n 个点,把它们连同正方形的 4 个顶点共 $n+4$ 个点构成的点集记为 M,现将这张纸剪成一些三角形,使得每个三角形的三个顶点都在 M 中,且除顶点外,每个三角形内部及边界上都不含 M 中的点. 问能剪出多少个三角形?

7. (波利亚问题) 在单位圆周上任意两点之间连一条曲线,如果它将圆分为面积相等的两部分,试证:这曲线的长度不小于 2.

8. AB 是圆 O 的直径,且 $AB = 2R$,过 AB 上任一点 P 作弦 MN 与 AB 成 $45°$,求证 $MP^2 + PN^2$ 是定值.

9. $\triangle ABC$ 中,$AB = AC = 2$,BC 边上有 100 个不同的点 $P_1, P_2, \cdots, P_{100}$. 记 $m_i =$

$AP_i^2 + BP_i \cdot P_iC (i=1,2,\cdots,100)$,求 $m_1 + m_2 + \cdots + m_{100}$ 的值.

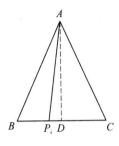

第 9 题

10. 解方程:$\sqrt{7-3x} = \dfrac{7-x^2}{3}$.

11. 已知:$\dfrac{x}{a} + \dfrac{y}{b} + \dfrac{z}{c} = 1, \dfrac{a}{x} + \dfrac{b}{y} + \dfrac{c}{z} = 0$,求证:$\dfrac{x^2}{a^2} + \dfrac{y^2}{b^2} + \dfrac{z^2}{c^2} = 1$.

12. 已知 $1 \leqslant x^2 + y^2 \leqslant 2$,求证:$\dfrac{1}{2} \leqslant x^2 - xy + y^2 \leqslant 3$.

13. 已知数列 $\{a_n\}$ 满足 $a_1 = 0, a_2 = 9$,且 $a_{n+2} = 6a_{n+1} - 9a_n$,求 a_n.

14. 4 个红球,5 个黄球,8 个绿球,从这 17 个球中每次取出 6 个,有多少种不同取法?

15. (2018 全国卷 I 理) 已知正方体的棱长为 1,每条棱所在直线与平面 α 所成的角都相等,则 α 截此正方体所得截面面积的最大值为(　　).

A. $\dfrac{3\sqrt{3}}{4}$　　　　B. $\dfrac{2\sqrt{3}}{3}$　　　　C. $\dfrac{3\sqrt{2}}{4}$　　　　D. $\dfrac{\sqrt{3}}{2}$

16. 已知正四面体 $ABCD$ 的棱长为 1,E,F,G,H 分别是 BC,AD,AB,CD 的中点,(1)求 EF 的长;(2)求证:$EF \perp GH$.

17. (2005 年复旦大学保送生试题) 在实数范围内解方程 $\sqrt[4]{10+x} + \sqrt[4]{7-x} = 3$.

2.11　逐步(局部)调整

研究较复杂的问题,要学会足够的"退",退到最简单而不失重要性的位置来研究问题,发现存在的普遍规律,运用规律解决比较复杂的问题.

——华罗庚

1. 逐步调整

逐步调整法是指,为解决某个问题,从与问题实质有联系的较宽要求开始,先获得初步结果,然后利用已获得的结果作为进一步探索的基础,逐步加强要求,直至最后解决问题的一种解题思想方法.

面对一个数学问题,当它的答案受许多条件限制时,想一下子找到这个正确的答案可能较困难. 我们可以根据题中的部分条件,找到一个与正确答案比较接近的"准答案",然后再对它进行修改或调整. 这样一步一步地逼近,最后得到符合题中所有条件的正确答案.

例1 把 $0 \sim 9$ 这十个数字分别填入下式的方框内,使下式成立.

$$\square + \square = \square + \square = \square + \square < \square + \square = \square + \square$$

分析与解 由于 $0+1+2+\cdots+9=45$,无论怎样填,45 这个总和是不会变的.

为了便于推想,我们先把原式中的"<"看成等号,使它成为连等式. 这样式中的五组数的和都相等,都等于9. 因此,容易得出下式

$$0+9=1+8=2+7=3+6=4+5$$

下面需要调整. 为使右边两组数的和增大并且相等,必须从左边三组数的和中分别取出相同的数来,平均分给右边两组. 为保证平分,左边三组每一组都必须取出偶数. 如果都取出2,那么左边三组数的和都变成7,右边两组数的和都变成12,由此得出一种填法

$$0+7=1+6=2+5<3+9=4+8$$

从左边每组都取出4,进行调整后,也能得出一组答案,读者不妨试一试.

例2 在下面的数字中间填上加号或减号,使计算的结果得100,你能想出几种填法?

$$123456789=100$$

分析与解 如果把它们看成是9个一位数,它们的和是45 与100 相差55. 想什么办法来补足呢?

我们注意到,题中所说的"在下面的数字中间填上加号或减号",并不是要我们

在每两个数字之间都填上运算符号,也可以把相邻的两个或三个数字组成一个两位数或三位数.但要注意当把相邻的两个数字或三个数字组成两位或三位数后,和将发生怎样的变化.例如,把1和2组成12,和比原来增加了12 - (1 + 2) = 9;把1,2和3组成123,和比原来增加了123 - (1 + 2 + 3) = 117.

当把相邻的两个数字或三个数字组成两位数或三位数后,这一列数的和如果不满100,可以把另外的两个相邻的数字再组成两位数来试;如果和超过100,可以减去其中的几个一位数或两位数(即相邻的两个数字组成的两位数),使和正好等于100.如果和比100多了8,应该把"+ 4"改成"- 4",这样,得到的和才正好等于100(比108少4×2).千万不能把"+ 8"改成"- 8",那样,和又会比108少$8 \times 2 = 16$(比100少8).例如

$$1 + 2 + 3 + 4 + 5 + 6 + 78 + 9 = 108$$

应调整为 $1 + 2 + 3 - 4 + 5 + 6 + 78 + 9 = 100$.

这道题的答案有多个.读者再试试,看你共能填出几种来.

排序不等式(或称排序原理)的证明方法突出体现了逐步调整法的特点,请读者仔细体会.

例3(排序原理) 设有两组有序实数

$$a_1 \leqslant a_2 \leqslant \cdots \leqslant a_n$$
$$b_1 \leqslant b_2 \leqslant \cdots \leqslant b_n$$

$i_1, i_2, \cdots, i_n$ 是 $1, 2, \cdots, n$ 的一个排列,则有

$$a_1 b_1 + a_2 b_2 + \cdots + a_n b_n \geqslant \quad (\text{顺序和})$$
$$a_{i_1} b_1 + a_{i_2} b_2 + \cdots + a_{i_n} b_n \geqslant \quad (\text{乱序和})$$
$$a_1 b_n + a_2 b_{n-1} + \cdots + a_n b_1 \quad (\text{逆序和})$$

证明 仅证前面一个不等式,即

$$a_{i_1} b_1 + a_{i_2} b_2 + \cdots + a_{i_n} b_n \leqslant a_1 b_1 + a_2 b_2 + \cdots + a_n b_n \qquad ①$$

(1)若 $i_n \neq n$,则存在 $i_k = n (k \neq n)$,将左式中的两项 $a_{i_k} b_k$(即 $a_n b_k$)与 $a_{i_n} b_n$ 调整为 $a_{i_n} b_k$ 与 $a_n b_n$,我们证明调整后左边不会变小,即要证明

$$a_{i_n} b_k + a_n b_n \geqslant a_n b_k + a_{i_n} b_n$$

事实上

$$(a_{i_n}b_k + a_n b_n) - (a_n b_k + a_{i_n} b_n) =$$
$$a_n(b_n - b_k) + a_{i_n}(b_k - b_n) = (b_n - b_k)(a_n - a_{i_n}) \geqslant 0$$

成立.

(2) 若 $i_n = n$,则将倒数第二项 $a_{i_{n-1}}b_{n-1}$ 调整为 $a_{n-1}b_{n-1}$,同理也不会变小.

于是可知,逐项调整左边直至调整为与右边完全相同时都不会变小.

这就证明了不等式 ①.

排序原理可以推广至 n 组实数的情形,即多组排序原理. 仅以 3 组排序原理简要说明:

设有三组有序非负实数

$$a_1 \leqslant a_2 \leqslant a_3$$
$$b_1 \leqslant b_2 \leqslant b_3$$
$$c_1 \leqslant c_2 \leqslant c_3$$

则有:"同序和 ≥ 乱序和",即

$$a_1 b_1 + a_2 b_2 + a_3 b_3 \geqslant a_1 b_2 + a_2 b_3 + a_3 b_1$$

排序原理在不等式证明中应用广泛,下面举几例说明.

例4 若 a, b 均为正数,求证:$\dfrac{a}{\sqrt{b}} + \dfrac{b}{\sqrt{a}} \geqslant \sqrt{a} + \sqrt{b}$.

证明 不妨设 $0 < a \leqslant b$,则 $\dfrac{1}{\sqrt{b}} \leqslant \dfrac{1}{\sqrt{a}}$.

根据"同序和 ≥ 乱序和"得

$$\dfrac{a}{\sqrt{b}} + \dfrac{b}{\sqrt{a}} \geqslant \dfrac{a}{\sqrt{a}} + \dfrac{b}{\sqrt{b}} = \sqrt{a} + \sqrt{b}$$

例5 证明:

(1) 若 $a, b, c \in \mathbf{R}$,则 $a^2 + b^2 + c^2 \geqslant ab + bc + ca$;

(2) 若 $a, b, c \in \mathbf{R}^*$,则 $a^3 + b^3 + c^3 \geqslant 3abc$;

(3) 若 $a, b, c \in \mathbf{R}^*$,则 $\dfrac{a}{b+c} + \dfrac{b}{c+a} + \dfrac{c}{a+b} \geqslant \dfrac{3}{2}$.

证明 (1) 由于不等式关于 a, b, c 对称,不妨设 $a \leqslant b \leqslant c$,并看作两组有序实数,根据"同序和 ≥ 乱序和"得

$$a^2 + b^2 + c^2 \geqslant ab + bc + ca$$

(2) 同理可设 $a \leqslant b \leqslant c$,并看作三组有序实数,根据"同序和 $\geqslant$ 乱序和"得
$$a^3 + b^3 + c^3 \geqslant 3abc$$

(3) 不妨设 $0 < a \leqslant b \leqslant c$,则 $\dfrac{1}{b+c} \leqslant \dfrac{1}{c+a} \leqslant \dfrac{1}{a+b}$.

$\dfrac{a}{b+c} + \dfrac{b}{c+a} + \dfrac{c}{a+b}$ 是上述两组有序实数的"同序和",根据"同序和 $\geqslant$ 乱序和"得

$$\dfrac{a}{b+c} + \dfrac{b}{c+a} + \dfrac{c}{a+b} \geqslant \dfrac{b}{b+c} + \dfrac{c}{c+a} + \dfrac{a}{a+b}$$

$$\dfrac{a}{b+c} + \dfrac{b}{c+a} + \dfrac{c}{a+b} \geqslant \dfrac{c}{b+c} + \dfrac{a}{c+a} + \dfrac{b}{a+b}$$

两个不等式相加即得 $\dfrac{a}{b+c} + \dfrac{b}{c+a} + \dfrac{c}{a+b} \geqslant \dfrac{3}{2}$.

从上例可以看出,根据排序不等式的证法显然比其他方法简便快捷.

2. 局部调整

局部调整是指,可能有诸多变量对问题的结果有影响,先假定其他量不变而考察少数变量变化时问题的结果,由局部调整获得的结论进而使原问题得以整体解决,或从与问题有实质联系的较宽要求开始,充分利用已获得的结果作为基础,逐步加强要求,逼近目标,直至最后彻底解决问题的一种解题思想方法.

例 6 求一个三位数,使这个数与各位数字之和的比值最小.

分析与解 设此三位数为 $\overline{abc}$,即 $100a + 10b + c$,所说的比值就是 $k = \dfrac{100a + 10b + c}{a+b+c}$,欲求 k 的最小值(a,b,c 为 $0 \sim 9$ 的自然数,$a \neq 0$),我们用"逐步调整法"求解.

为此,可先让两个字母的值固定不变,考察另一个字母的变化对 k 的影响:

(1) 设 b,c 固定,$k = 100 - \dfrac{90b + 99c}{a+b+c}$,欲使 k 最小(注意 b,c 固定),则 $a = 1$.

(2) 同理,a,c 固定,$k = 10 + \dfrac{90a - 9c}{a+b+c}$,欲使 k 最小(注意 $90a - 9c > 0$),则 b 应最大为 9.

(3) 当 a,b 固定时,$k = 1 + \dfrac{99a + 9b}{a + b + c}$,欲使 k 最小,则 c 应最大为 9.

故所求三位数是 199.

例 7 证明:内接于圆 O 的凸 n 边形中以正 n 边形面积最大.

证法 1 将圆心与各顶点相连,设各边所对圆心角分别为 $\theta_1, \theta_2, \cdots, \theta_n$,圆的半径为 r. 则圆内接 n 边形的面积为

$$S = \frac{1}{2}r^2(\sin\theta_1 + \sin\theta_2 + \cdots + \sin\theta_n)$$

因函数 $y = \sin x$ 在 $x \in (0, \pi)$ 时为凸函数,根据凸函数的性质可知

$$\frac{\sin\theta_1 + \sin\theta_2 + \cdots + \sin\theta_n}{n} \leq \sin\frac{\theta_1 + \theta_2 + \cdots + \theta_n}{n} = \sin\frac{2\pi}{n}$$

所以 $S \leq \dfrac{n}{2}r^2\sin\dfrac{2\pi}{n}$,当且仅当 $\theta_1 = \theta_2 = \cdots = \theta_n$,即圆内接多边形是正 n 边形时,取等号.

证法 2 如图 2.39,假定除顶点 P 外的其他顶点固定不动,现考察点 P 及相邻两顶点 A,B 构成的 $\triangle PAB$,其面积最大当且仅当点 P 在劣弧 $\overset{\frown}{AB}$ 的中点 P' 处. 同理,在其余各顶点处也是如此. 当且仅当每个顶点都是相邻两顶点间弧的中点,即此 n 边形中为正 n 边形面积最大.

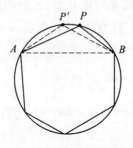

图 2.39

例 8 在锐角三角形的内接三角形中,以垂足三角形周长最小.

分析与证明 如图 2.40,在 $\triangle ABC$ 的内接 $\triangle DEF$ 的三个顶点中,先固定两点 E,F,考察 BC 上动点 D 在何位置可使 $\triangle DEF$ 周长最小,即 $DE + DF$ 最小.

这是一个熟知的问题.

作 F 关于 BC 的对称点 F',连接 $F'E$ 交 BC 于 D',则 D' 就是所求的点. $F \to$

$D' \to E$ 是光线自 F 经 BC 反射至点 E 的路线,此时满足 $\angle BD'F = \angle CD'E$.

当每条边上的点均满足上述条件时,$\triangle DEF$ 的周长达到最小. 而 $\triangle ABC$ 的三条高的垂足构成的三角形恰好满足此条件(图 2.41,证明略). 垂足三角形即为周长最小的内接三角形.

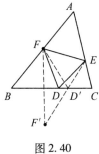

图 2.40

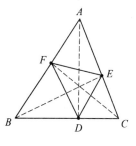

图 2.41

例 9 已知锐角 $\triangle ABC$ 中,$A > B > C$. 在 $\triangle ABC$ 的内部(包括边界)上找一点 P,使得 P 到三边的距离之和最小.

分析 先对 P 在 $\triangle ABC$ 边界上时,研究点 P 在什么位置时,P 到三边距离之和最小,然后再对 P 在 $\triangle ABC$ 的内部时进行研究.

解 (1)先研究 P 在 $\triangle ABC$ 的边界上的情形

① 若 P 在边 BC 上,如图 2.42,记 $\triangle ABC$ 的顶点 A,B,C 对应的边分别是 a,b,c,边 a,b,c 上的高分别为 h_a,h_b,h_c,P 到边 c,b 的距离分别为 x,y,连 PA.

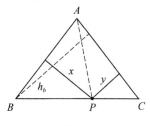

图 2.42

由 $A > B > C$ 知,$a > b > c$,则 $h_a < h_b < h_c$.

由面积关系得 $\frac{1}{2}b \cdot h_b = \frac{1}{2}c \cdot x + \frac{1}{2}y \cdot b \leqslant \frac{1}{2}x \cdot b + \frac{1}{2}y \cdot b$,则 $h_b \leqslant x + y$(当 $x = 0$ 时取等号). 即 P 在点 B 处时,P 到三边距离之和最小.

② 若 P 在边 AC 上,P 在点 A 处时,P 到三边距离之和最小.

③若 P 在边 AB 上，P 在点 A 处时，P 到三边距离之和最小.

综合①，②，③，当点 P 在点 A 处时，P 到三边距离之和最小.

(2) 再研究 P 在 $\triangle ABC$ 内部的情形

如图 2.43，过 P 作 BC 的平行线交 AB 于 E，交 AC 于 F，固定 x，由(1)知，$x + y + z > EG + EH$.

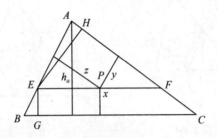

图 2.43

让 x 变化，有 $EG + EH \geqslant h_a$，故 $x + y + z > h_a$.

综合(1)(2)知，当点 P 在 A 处时，$x + y + z$ 最小.

评注 本题先对 P 在边界上进行调整，获得问题的局部解决. 经过若干次这样的局部调整，逐步逼近目标，最终得到问题的整体解决.

例 10（全俄 1998 年数学竞赛题） 在 $1,2,3,\cdots,1\,989$ 每个数前添上"+"或"-"号，使其代数和为最小的非负数，并写出算式.

解 先证其代数和为奇数.

从简单情形考虑：全添上"+"，此时 $1 + 2 + \cdots + 1\,989 = 995 \times 1\,989$ 是奇数. 对一般情况，只要将若干个"+"调整为"-"即可.

因为 $a + b$ 与 $a - b$ 奇偶性相同，故每次调整，其代数和的奇偶性不变，即总和为奇数. 而

$$1 + (2 - 3 - 4 + 5) + (6 - 7 - 8 + 9) + \cdots + (1\,986 - 1\,987 - 1\,988 + 1\,989) = 1.$$

因此这个最小值是 1.

例 11 空间有 2 003 个点，其中任何三点不共线，把它们分成点数各不相同的 30 组，在任何三个不同的组中各取一点为顶点作三角形，问要使这种三角形的总数为最大，各组的点数应为多少？

分析 设分成的 30 组的点数分别是 $n_1, n_2, \cdots, n_{30}$,其中在 $n_i(i=1,2,\cdots,30)$ 互不相等,则满足题设的三角形的总数为

$$S = \sum_{1 \leqslant i < j < k \leqslant 30} n_i n_j n_k$$

问题转化为在 $n_1 + n_2 + \cdots + n_{30} = 2\,003$,其中在 $n_i(i=1,2,\cdots,30)$ 为互不相等的正整数的条件下,求 S 的最大值.

解 设分成的 30 组的点数分别是 $n_1, n_2, \cdots, n_{30}$,其中 $n_i(i=1,2,\cdots,30)$ 互不相等,则满足题设的三角形的总数为

$$S = \sum_{1 \leqslant i < j < k \leqslant 30} n_i n_j n_k$$

由对称性,不妨设 $n_1 < n_2 < \cdots < n_{30}$,

(1) 在 $n_1, n_2, \cdots, n_{30}$ 中,让 n_1, n_2 变化,其余各组的点数不变,因为 $n_1 + n_2$ 的值不变,注意到

$$S = n_1 n_2 \sum_{3 \leqslant k \leqslant 30} n_k + (n_1 + n_2) \sum_{3 \leqslant j < k \leqslant 30} n_j n_k + \sum_{3 \leqslant i < j < k \leqslant 30} n_i n_j n_k \quad \text{①}$$

要使 S 的值最大,只需 $n_1 n_2$ 的值最大. 如果 $n_2 - n_1 \geqslant 3$,令 $n'_1 = n_1 + 1$,$n'_2 = n_2 - 1$,则 $n'_1 + n'_2 = n_1 + n_2$,

$n'_1 n'_2 = (n_1 + 1)(n_2 - 1) = n_1 n_2 + n_2 - n_1 - 1 > n_1 n_2$,$S$ 的值变大. 因此要使 S 的值最大,对任何 $1 \leqslant i \leqslant 29$ 都有 $n_{i+1} - n_i \leqslant 2$.

(2) 若 $n_1, n_2, \cdots, n_{30}$ 中,使 $n_{i+1} - n_i = 2(1 \leqslant i \leqslant 29)$ 的 i 的值不少于 2 个,不妨设 $1 \leqslant i < j \leqslant 29, n_{i+1} - n_i = 2, n_{j+1} - n_j = 2$. 类似(1),令 $n'_i = n_i + 1$,$n'_{j+1} = n_{j+1} - 1$,其余各组的点数不变,则 S 的值变大. 因此要使 S 的值最大,至多有一个 i 使 $n_{i+1} - n_i = 2$.

(3) 若对任何 $1 \leqslant i \leqslant 29, n_{i+1} - n_i = 1$. 设这 30 组的点数分别是 $m - 14, m - 13, \cdots, m + 15$,则 $30m + 15 = 2\,003$,这是不可能的.

综上,要使 S 的值最大,对任何 $1 \leqslant i \leqslant 29$ 在 $n_{i+1} - n_i$ 中恰有一个为 2,其余均为 1. 设这 30 组的点数分别是 $m, m+1, \cdots, m+t-1, m+t+1, \cdots, m+30(1 \leqslant t \leqslant 29)$,则

$$m + (m+1) + \cdots + (m+t-1) +$$
$$(m+t+1) + \cdots + (m+30) = 2\,003$$

即 $30m + 465 - t = 2\,003$,解得 $m = 52, t = 22$. 所以当分成的 30 组的点数分别

是 52,53,…,73,75,…,82 时,能使三角形的总数最大.

评注 解决本题的关键是把多元函数 S 视为二元函数,通过调整两个变量的取值,使 S 的值最大,最终获得问题的解决.

以上例题说明,局部调整法解决数学问题的本质就是从问题的特殊情况入手,寻求问题的局部解决,通过逐步调整,获得问题的全部解决,局部调整解题策略也体现了从特殊到一般的思想.

习 题 2.11

1. 有一个六位数,能被 11 整除,首位数字是 7,其余各位数字各不相同. 这个六位数最小是多少?

2. 在一条公路上每隔 100 km 有一个仓库(如图),共有五个仓库. 一号仓库存有 10 t 货物,二号仓库存有 20 t 货物,五号仓库存有 40 t 货物,其余两个仓库是空的. 现在想把所有货物集中存放在一个仓库里,如果每吨货物运输 1 km 需要0.5 元运输费,那么最少要多少运费才行?

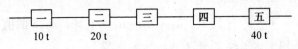

第 2 题

3. 已知平面 α 分别截直三面角的三条棱 SX,SY,SZ 于点 A,B,C,且使截得的三棱锥 $S-ABC$ 的体积为定值. 求证:当 $\triangle ABC$ 为正三角形时,其面积达到最小值.

4. 求和为 1 976 的正整数之积的最大值.

5. 设 a,b,c 为正数,应用排序原理证明:

(1) $\dfrac{c^2-a^2}{a+b}+\dfrac{a^2-b^2}{b+c}+\dfrac{b^2-c^2}{c+a} \geq 0$;

(2) $ab(a+b)+bc(b+c)+ca(c+a) \geq 6abc$;

(3) $\dfrac{a^2}{b+c}+\dfrac{b^2}{c+a}+\dfrac{c^2}{a+b} \geq \dfrac{1}{2}(a+b+c)$;

(4) $a^a b^b c^c \geq (abc)^{\frac{a+b+c}{3}}$.

6. 在 $\triangle ABC$ 中,证明:$\dfrac{\pi}{3} \leq \dfrac{aA+bB+cC}{a+b+c} < \dfrac{\pi}{2}$.

2.12 高观点策略

许多初等数学的现象只有在非初等的理论结构内才能深刻地理解.
—— 菲利克斯·克莱因(Felix Klein)

初等数学与高等数学是密不可分的,若站在更高的视角(高等数学)来审视、理解初等数学就会显得简单明了. 本节对高观点指导初等数学解题做一些简介.

1. 代数问题

对于一些初等代数问题,数学分析、线性代数等知识和方法提供了高观点视角. 合理运用往往可以帮助我们发现解题方法,并且有助于我们把问题看得更透彻.

例1 求 x,y,z 的值,使 $(y-1)^2+(x+y-3)^2+(2x+y-6)^2$ 达到最小值(2001年全国初中数学竞赛题).

分析 此例为二元函数最值问题,单靠初中所学的配方法求函数最值确实很难. 如果运用高等数学中的思想方法,先找出极值点,求得最小值,再寻求配方等初等数学解法就容易些.

令 $F(x,y)=(y-1)^2+(x+y-3)^2+(2x+y-6)^2$,通过求导可得极值点.

令 $\begin{cases} \dfrac{\partial F}{\partial x}=2(x+y-3)+4(2x+y-6)=0 \\ \dfrac{\partial F}{\partial y}=2(y-1)+2(x+y-3)+2(2x+y-6)=0 \end{cases}$,即 $\begin{cases} 5x+3y=15 \\ 3x+3y=10 \end{cases}$,解得 $\begin{cases} x=\dfrac{5}{2} \\ y=\dfrac{5}{6} \end{cases}$,故 $\min F(x,y)=F\left(\dfrac{5}{2},\dfrac{5}{6}\right)=\dfrac{1}{6}$.

有了上述高等数学方法确定的极值点,配方就变得简单、有的放矢了:

方法1 $F(x,y)=5\left(x-\dfrac{5}{2}\right)^2+3\left(x+y-\dfrac{10}{3}\right)^2+\dfrac{1}{6}$.

方法2 $F(x,y)=5\left(y-\dfrac{5}{6}\right)^2+(x+y-\dfrac{10}{3})^2+\left(2x+y-\dfrac{35}{6}\right)^2+\dfrac{1}{6}$.

例2 已知:$a+b+c=0$,求证:$a^3+b^3+c^3=3abc$.

分析 在本章2.7节中,我们已经发现,此例欲证等式就是

$$\begin{vmatrix} a & b & c \\ b & a & c \\ c & b & a \end{vmatrix} = 0 \qquad ①$$

直接计算行列式也可以得到结论.

证 将行列式①中第2,3行加到第1行,并注意到$a+b+c=0$,就得

$$\begin{vmatrix} a & b & c \\ b & a & c \\ c & b & a \end{vmatrix} = \begin{vmatrix} a+b+c & a+b+c & a+b+c \\ c & a & b \\ b & c & a \end{vmatrix} = \begin{vmatrix} 0 & 0 & 0 \\ c & a & b \\ b & c & a \end{vmatrix} = 0$$

例3 已知$|a|<1,|b|<1$,求证:$\dfrac{1}{1-a^2}+\dfrac{1}{1-b^2} \geq \dfrac{2}{1-ab}$.

分析与证明 在2.10节(例17)中,我们应用三角代换法证明了这个不等式,这里,我们再介绍应用级数的证明方法.

我们知道,当$|x|<1$时,无穷级数$1+x+x^2+x^3+\cdots$收敛于$\dfrac{1}{1-x}$,因此有

$$\frac{1}{1-a^2}+\frac{1}{1-b^2}=(1+a^2+a^4+\cdots)+(1+b^2+b^4+\cdots)=$$

$$2+(a^2+b^2)+(a^4+b^4)+\cdots \geq 2(1+ab+a^2b^2+\cdots)=\frac{2}{1-ab}$$

上述方法可能有些并不适合中学解题教学,但是这些思想方法有助于我们开阔视野,同时其中的高观点对我们解题所起的指导作用是不容置疑的. 在初等代数方面可挖掘的高观点还有很多,读者可以举一反三.

2. 几何问题

有些初等几何问题,可以应用解析法转化为代数问题来解,这在几何证明中是一种常见的方法. 但是此类方法一般只停留在比较简单的应用层面. 事实上,某些解析几何中的定理、结论(如共点、共线的条件等)也可以应用到证明初等几何问题中. 另外,高等几何中的一些知识与方法也对初等几何问题、圆锥曲线问题有指导作用.

第 2 章 数学解题策略

(1) 初等几何问题

平面解析几何中,三点共线、三线共点有下列判定条件:

平面内三点 $A(x_1, y_1), B(x_2, y_2), C(x_3, y_3)$ 共线 $\Leftrightarrow \begin{vmatrix} x_1 & y_1 & 1 \\ x_2 & y_2 & 1 \\ x_3 & y_3 & 1 \end{vmatrix} = 0.$

三直线
$$A_1 x + B_1 y + C_1 = 0$$
$$A_2 x + B_2 y + C_2 = 0$$
$$A_3 x + B_3 y + C_3 = 0$$

共点或平行 $\Leftrightarrow \begin{vmatrix} A_1 & B_1 & C_1 \\ A_2 & B_2 & C_2 \\ A_3 & B_3 & C_3 \end{vmatrix} = 0.$

这里举一例说明三线共点充要条件的应用.

例 4 三圆两两相交,则三条公共弦所在直线平行或交于一点.

证明 设已知三个圆的方程为
$$x^2 + y^2 + D_1 x + E_1 y + F_1 = 0$$
$$x^2 + y^2 + D_2 x + E_2 y + F_2 = 0$$
$$x^2 + y^2 + D_3 x + E_3 y + F_3 = 0$$

两两相减可得三条公共弦所在直线的方程为
$$(D_1 - D_2)x + (E_1 - E_2)y + (F_1 - F_2) = 0$$
$$(D_2 - D_3)x + (E_2 - E_3)y + (F_2 - F_3) = 0$$
$$(D_3 - D_1)x + (E_3 - E_1)y + (F_3 - F_1) = 0$$

容易证明 $\begin{vmatrix} D_1 - D_2 & E_1 - E_2 & F_1 - F_2 \\ D_2 - D_3 & E_2 - E_3 & F_2 - F_3 \\ D_3 - D_1 & E_3 - E_1 & F_3 - F_1 \end{vmatrix} = 0$,故此三线平行或交于一点.

射影几何中有一些定理也可以用于证明初等几何的共线、共点问题,如笛沙格 (Desargues) 定理、帕斯卡 (Pascal) 定理、布利安香 (Brianchon)、帕普斯 (Pappus) 定理等.

例5 [14] 证明:平面上任一点 P 关于 $\triangle ABC$ 三个顶点的对称点与该顶点的对边中点连线共点 Q,且 P,Q 与三角形的重心 G 三点共线.

引理(笛沙格定理及逆定理)[15] 若两个三角形对应顶点的连线共点,则对应边的交点共线. 反之, 若对应边的交点共线,则对应顶点的连线共点.

证明 如图 2.44,设点 P 关于 $\triangle ABC$ 的顶点 A,B,C 的对称点分别为 P_1,P_2,P_3,边 BC,CA,AB 的中点分别为 A_1,B_1,C_1,三角形 ABC 的重心为 G.

易知, $AB \parallel P_1P_2 \parallel A_1B_1$.

考察 $\triangle AP_1A_1$ 与 $\triangle BP_2B_1$,因它们的对应顶点连线 AB,P_1P_2,A_1B_1 互相平行,即相交于同一点(无穷远点). 根据笛沙格定理知,这两个三角形对应边的交点共线.

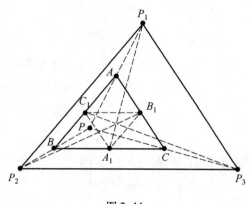

图 2.44

即 $AP_1 \times BP_2 = P, P_1A_1 \times P_2B_1 = M, AA_1 \times BB_1 = G$ 三点共线.

表明 P_1A_1,P_2B_1,PG 三线交于一点 M. 同理可证,P_2B_1,P_3C_1,PG 三线交于一点.

由 P_2B_1 与 PG 交点的唯一性知:P_1A_1,P_2B_1,P_3C_1 三线共点 M,且 P,G,M 共线. 证毕.

与解析法[14]相比,上述证法简洁明了,且易于推广结论.

(2) 圆锥曲线问题

圆锥曲线问题以其解法灵活多变、计算量大的特点成为高考数学的难点之一. 射影几何中关于圆锥曲线的一些理论和方法对于解高中圆锥曲线问题有一定的指导意义. 这里仅介绍圆锥曲线的极线概念对解题的指导作用.

如图 2.45,设点 P 不在圆锥曲线 Γ 上,过 P 作 Γ 的两割线分别交 Γ 于 A,B 和 C,D,AD 与 BC 交于 R,AC 与 BD 交于 Q,则过 Q,R 的直线 p 称为点 P 关于圆锥曲线 Γ 的极线,点 P 称为直线 p 关于圆锥曲线 Γ 的极[15]. 当点 P 在曲线 Γ 外时,其极线就是过点 P 作 Γ 的两条切线,切点弦所在的直线. 当 P 称在圆锥曲线 Γ 上时其极线

就是曲线 Γ 在点 P 的切线.

特别地,当点 P 为 Γ 的焦点时其极线 p 就是相应的准线,因此极与极线是圆锥曲线焦点与准线概念的推广. 点 $P(x_0, y_0)$ 关于圆锥曲线 Γ 的极线方程只需按下面的方法求得:在圆锥曲线方程中,以 $x_0 x$ 替换 x^2,以 $\dfrac{x_0 + x}{2}$ 替换 x(另一变量 y 也是如此). 例如,点 $P(x_0, y_0)$ 关于椭圆 $\dfrac{x^2}{a^2} + \dfrac{y^2}{b^2} = 1$ 的极线方程为 $\dfrac{x_0 x}{a^2} + \dfrac{y_0 y}{b^2} = 1$,关于抛物线 $y^2 = 2px$ 的极线方程为 $y_0 y = p(x_0 + x)$ 等.

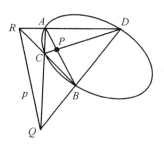

图 2.45

例 6(2011 年江西卷理) 已知椭圆 $\dfrac{x^2}{a^2} + \dfrac{y^2}{b^2} = 1$ 的焦点在 x 轴上,过点 $P\left(1, \dfrac{1}{2}\right)$ 作圆 $x^2 + y^2 = 1$ 的切线,切点分别为 A, B,直线 AB 恰好经过椭圆的右焦点及上顶点,则椭圆的方程是_____.

解 如图 2.46,切点弦 AB 就是点 $P\left(1, \dfrac{1}{2}\right)$ 关于圆 $x^2 + y^2 = 1$ 的极线,其方程为 $x + \dfrac{y}{2} = 1$,与坐标轴分别交于 $(1, 0), (0, 2)$,由此易求得椭圆方程是 $\dfrac{x^2}{5} + \dfrac{y^2}{4} = 1$.

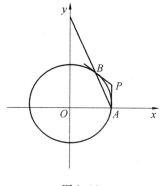

图 2.46

例 7(2010 年江苏卷理) 在平面直角坐标系 xOy 中,如图 2.47,已知椭圆 $\dfrac{x^2}{9} + \dfrac{y^2}{5} = 1$ 的左右顶点为 A, B,右焦点为 F,设过点 $T(t, m)$ 的直线 TA, TB 与椭圆分别交

于点 $M(x_1,y_1),N(x_2,y_2)$,其中 $m>0,y_1>0,y_2<0$.

(Ⅰ)设动点 P 满足 $PF^2-PB^2=4$,求点 P 的轨迹;

(Ⅱ)设 $x_1=2,x_2=\dfrac{1}{3}$,求点 T 的坐标;

(Ⅲ)设 $t=9$,求证:直线 MN 必过 x 轴上的一定点(其坐标与 m 无关).

分析与解　(Ⅰ)(Ⅱ)略.

本题的难点是(Ⅲ),难点在于定点不易确定. 我

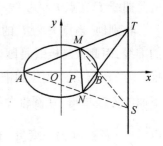

图 2.47

们可以根据极线作图方法来探求该定点:设 MN 交 AB 于 P,AN,MB 交于 S,则点 P 与直线 ST 是椭圆的一对极与极线. 设 $P(p,0)$,则其极线 ST 的方程为 $x=\dfrac{9}{p}$. 由题设 $t=9$,所以 $\dfrac{9}{p}=9$ 可得 $p=1$,P 的坐标为 $(1,0)$. 因此我们可以直接证明动直线 MN 必过点 $(1,0)$:

(Ⅲ)**证明**　将 TA,TB 的方程分别与椭圆方程联立,求得交点为

$$M\left(\dfrac{3(80-m^2)}{80+m^2},\dfrac{40m}{80+m^2}\right),N\left(\dfrac{3(m^2-20)}{20+m^2},-\dfrac{20m}{20+m^2}\right)$$

下面证明直线 MN 必过定点 $P(1,0)$,只需证 $k_{MP}=k_{NP}$

$$k_{MP}=\dfrac{\dfrac{40m}{80+m^2}}{\dfrac{3(80-m^2)}{80+m^2}-1}=\dfrac{10m}{40-m^2},k_{NP}=\dfrac{-\dfrac{20m}{20+m^2}}{\dfrac{3(m^2-20)}{20+m^2}-1}=\dfrac{10m}{40-m^2}$$

所以 $k_{MP}=k_{NP}$,故直线 MN 必过定点 $P(1,0)$.

上述证法完全符合高考解答要求,并未超纲、也无破绽.

此例借助高观点的方法先确定 $(1,0)$ 就是所求定点,然后再进行证明,有效地突破了难点,这种高观点策略在相关的圆锥曲线问题中值得借鉴.

近年来高考圆锥曲线试题中常常出现极线背景[16],因此我们很有必要了解极线概念与作图方法,并通过研究有关高考试题体会这些高观点指导解题的策略.

习题 2.12

1. 已知：$\dfrac{x}{y+z}=a, \dfrac{y}{z+x}=b, \dfrac{z}{x+y}=c$，求证：$ab+bc+ca=1-2abc$.

2. 已知 $f(x)=x^2+ax+b$，求证：$|f(1)|,|f(2)|,|f(3)|$ 中至少有一个不小于 $\dfrac{1}{2}$.

3. (2012年辽宁卷理) 已知 P,Q 为抛物线 $x^2=2y$ 上两点，点 P,Q 的横坐标分别为 $4,-2$，过 P,Q 分别作抛物线的切线，两切线交于 A，则点 A 的纵坐标为_____.

4. (2012北京卷理) 已知曲线 $C:(5-m)x^2+(m-2)y^2=8(m\in\mathbf{R})$.

(1) 若曲线 C 是焦点在 x 轴上的椭圆，求 m 的取值范围；

(2) 设 $m=4$，曲线 C 与 y 轴的交点为 A,B(点 A 位于点 B 的上方)，直线 $y=kx+4$ 与曲线 C 交于不同的两点 M,N，直线 $y=1$ 与直线 BM 交于点 G. 求证：A,G,N 三点共线.

习题答案与提示

习题1

3. (1)(Ⅰ)椭圆的方程为$\dfrac{x^2}{4}+y^2=1$.

(Ⅱ)(i)直线l的倾斜角为$\dfrac{\pi}{4}$或$\dfrac{3\pi}{4}$.

(ii)$y_0=\pm 2\sqrt{2}$或$y_0=\pm\dfrac{2\sqrt{14}}{5}$.

(2)(Ⅰ)设椭圆方程为$\dfrac{x^2}{a^2}+\dfrac{y^2}{b^2}=1$,把点$A(2,3)$代入椭圆方程,把离心率$e=\dfrac{1}{2}$用$a,c$表示,再根据$a^2+b^2=c^2$,求出$a^2,b^2$,得椭圆方程$\dfrac{x^2}{16}+\dfrac{y^2}{12}=1$;(Ⅱ)可以设直线$l$上任一点坐标为$(x,y)$,根据角平分线上的点到角两边距离相等得$\dfrac{|3x-4y+6|}{5}=|x-2|$.答案$2x-y-1=0$.

习题2.1

1. $3-2\sqrt{2}$.

2. $f(x)=-2x^2$.

3. $(-\infty,-5]\cup[-1,+\infty)$

6. C

7. 解:(1)由$\dfrac{\cos B}{\cos C}=-\dfrac{b}{2a+c}$,得$\dfrac{\cos B}{\cos C}=-\dfrac{\sin B}{2\sin A+\sin C}$,即

$2\sin A\cos B+\sin C\cos B+\cos C\sin B=0$

所以
$$2\sin A\cos B + \sin(B+C) = 0$$

而 $\sin(B+C) = \sin A$,所以 $2\sin A\cos B + \sin A = 0$,

又 $\sin A \neq 0$,所以 $\cos B = -\dfrac{1}{2}$,

而 $0 < B < \pi$,所以 $B = \dfrac{2\pi}{3}$.

(2)利用余弦定理可解得:$a = 1$ 或 $a = 3$.

8. $-\dfrac{6}{13} + \dfrac{5}{26}\sqrt{3}$.

习 题 2.2

1. $AD \cdot DC = 7$.

提示:可联想圆周角定理.

4. 2.

5. $y \in \left[0, \dfrac{4}{3}\right]$.

提示:联想到直线斜率.

6. $\sqrt{11}$.

提示:联想到椭圆或利用柯西不等式.

7. 提示:将等式 $\sin(\alpha+\beta) = 2\sin\alpha$ 化简可得;或者将等式变形为 $\dfrac{2}{\sin(\alpha+\beta)} = \dfrac{1}{\sin\alpha}$ 联想正弦定理构造三角形证明之.

8. $x = -\sqrt{2}$ 或 $x = \dfrac{-1 \pm \sqrt{1+4\sqrt{2}}}{2}$.

9. $(x,y,z) = (\cos\theta, \cos 3\theta, \cos 9\theta)$,$\theta = \dfrac{k\pi}{13}$ 或 $\theta = \dfrac{k\pi}{14}$

$(k = 0,1,2,\cdots,13)$.

提示:联想到三倍角公式 $\cos 3\theta = 4\cos^3\theta - 3\cos\theta$.

11. 提示:可应用复数运算.

习 题 2.3

1. B. 提示:构造对偶式 $\beta^2 + 2\alpha^2 - 3\alpha$,或直接变形为 $\alpha^2 + \beta^2 + (\beta^2 - 3\beta - 5) + 5$.

2. $-\dfrac{1}{16}$.

3. $-\dfrac{1}{64}$.

4. $M = \dfrac{1}{2^7}$.

5. $\dfrac{3}{4}$.

8. C_{12}^{3}.

即求不定方程 $x_1 + x_2 + x_3 + x_4 = 13$ 正整数解的个数.

9. (1) $C_{11}^{2} = 55$.

(2) $C_{5}^{2} = 10$.

10. $2n^2 - 2n$.

11. $C_{16}^{2} = 120$.

12. $C_{1934}^{10} P_{10}^{10} P_{1996}^{1996}$.

13. 2^{n-1}.

14. 2^{361}. 提示:361 个不定方程 $x_1 + x_2 + \cdots + x_k = 361 (k = 1, 2, \cdots, 361)$ 正整数解的个数之和.

15. $C_{24}^{4} \cdot 20!$.

设 5 个入口分别安排 $x_1, x_2, \cdots, x_5$ 个人,则不定方程 $x_1 + x_2 + \cdots + x_5 = 20$ 共有 C_{24}^{4} 个非负整数解,不同的进馆方式共有 $C_{24}^{4} \cdot 20!$ 种.

16. $C_{12}^{6} = 924$.

设中国队员对应红球,日本队员对应白球,将淘汰队员对应的球一一排列出来,先淘汰队员对应的球排在前面,若有一方队员全部被淘汰出局,则相应的球也全部排出,然后将另一方所剩队员对应的球接排在后面.由于双方队员的出场顺序已定,故可设同色球之间无区别,则一种比赛情况就对应着一个6个红球和6个白球的排列;反之,6个红球和6个白球的一个排列也就对应着一种比赛的情况,于是,球的不同排列和比赛情况之间建立了一个一一对应的关系,而6个不加区分的红球与6个不加区分的白球的排列数为 $C_{12}^6 = 924$,因此合乎要求的不同比赛情况有924种.

习 题 2.4

1. C.

2. B.

3. B.

4. $\dfrac{5}{4}$.

5. $\left(-\dfrac{3\sqrt{5}}{5}, \dfrac{3\sqrt{5}}{5}\right)$.

6. 2.

7. 3.

8. C.

11. $\dfrac{a^2}{4}$.

12. (1) $\dfrac{x^2}{4} + \dfrac{y^2}{2} = 1$;(2) 存在点 $Q(0,2)$.

习 题 2.5

2. $-\sqrt{2}$.

3. 869.

4. $A > B$.

5. $\log_{1\,997} 1\,996 > \dfrac{1\,995}{1\,996}$.

提示：先比较 $\log_{n+1}n$ 与 $\dfrac{n-1}{n}$ 的大小. 而 $\log_{n+1}n > \dfrac{n-1}{n}(n \geqslant 2) \Leftrightarrow \lg n^n > \lg(n+1)^{n-1} \Leftrightarrow (1+\dfrac{1}{n})^n < 1+n$，又 $(1+\dfrac{1}{n})^n = \sum\limits_{r=0}^{n} C_n^r \dfrac{1}{n^r} < \sum\limits_{r=0}^{n} n^r \cdot \dfrac{1}{n^r} = 1+n$.

10. $-\dfrac{1}{2}$.

习题 2.6

1. A.

2. C.

3. C.

4. C.

5. 7.

6. $(2, +\infty)$.

7. $\dfrac{1}{2} < x < 1$.

8. $\dfrac{1}{4}$.

10. $a < -2$.

11. $x = 2, y = 4\sqrt{2}$.

12. $k = 4$ 或 $k > 0$.

14. $a = 2$.

16. $\sqrt{10}$.

设 $y = \sqrt{(x^2-2)^2 + (x-3)^2} - \sqrt{(x^2-1)^2 + x^2}$.

点 $P(x^2, x), A(2,3), B(1,0), P$ 在抛物线 $y^2 = x$ 上的动点，且 $y = |PA| - |PB|$. 由图可知，当 P 在 AB 延长线与抛物线交点时 y 有最大值，就是 $|AB| = \sqrt{10}$.

习题 2.7

2. 36.

5. 提示:定点是$(3p,0)$.

6. 提示:视为关于p的不等式.

8. $\sqrt{a^2+b^2+\sqrt{3}ab}$

习 题 2.8

1. 41.

2. 60 种.

3. $\dfrac{13\sqrt{3}}{6}$.

5. 36.

6. n^2-m^2.

习 题 2.9

1. $\dfrac{57}{64}$.

2. 2^m-2^{m-n}.

5. 证明:由韦达定理得$\alpha+\beta=-a,\alpha\beta=b$.

若方程有两个共轭虚根,则$\alpha\cdot\bar{\alpha}=|\alpha|^2=b<1$,则$|\alpha|=|\bar{\alpha}|<1$.

若方程有两个实数根,分两种情形:

①$b\geqslant 0$时,两根同号,则$|\alpha+\beta|=|\alpha|+|\beta|=|a|<1$,故有$|\alpha|<1,|\beta|<1$.

②$b<0$时,两根异号,不妨设$\alpha>0,\beta<0$.

用反证法证明$|\alpha|<1,|\beta|<1$:假设$|\alpha|>1$,即$\alpha>1$,注意到$f(0)=b<0$,则有$f(1)<0$,即$1+a+b<0$.

$a+b<-1$,则$|a|+|b|>|a+b|>1$,与已知矛盾.

$\beta<-1$时证法类似.

习题 2.10

2. 120.

3. 174.

4. 57.

5. $a_n = F_{n+1} = \dfrac{1}{\sqrt{5}}\left[\left(\dfrac{\sqrt{5}+1}{2}\right)^{n+1} - \left(\dfrac{\sqrt{5}-1}{2}\right)^{n+1}\right]$

(F_{n+1} 是斐波那契数列的第 $n+1$ 项).

6. $2n+2$.

9. 400. 作 $AD \perp BC$ 于点 D，则 $BD = DC$.
因为 $m_i = AP_i^2 + BP_i \cdot P_iC =$
$\qquad AP_i^2 + (BD - P_iD)(DC + P_iD) =$
$\qquad AP_i^2 + (BD - P_iD)(BD + P_iD) =$
$\qquad AP_i^2 + BD^2 - P_iD^2 =$
$\qquad AD^2 + BD^2 = AB^2 = 4$

所以 $m_1 + m_2 + \cdots + m_{100} = 400$.

10. $x_1 = \dfrac{-3+\sqrt{37}}{2}, x_2 = 1, x_3 = 2$.

13. $a_n = (n-1)3^n$.

14. 24 种.

15. A.

16. $\dfrac{\sqrt{2}}{2}$.

17. $x=6$ 或 $x=-9$.

习题 2.11

1. 提示：暂不考虑"能被 11 整除"这个条件，先写出首位数字是"7"，其余 5 个数字互不相同的最小的六位数 701 234. 接下来对它进行调整，使它满足"能被 11

整除"这个条件,但又不能破坏"最小"这条要求,因此要从个位开始调整.

2. 提示:先假设全部货物集中到一号仓库. 如果改为集中到二号仓库,增加了(一号仓库)10 t 货物的运费,减少了(2 号仓库)20 t 货物同样距离的运费. 因此我们应把存放货物的地点由一号仓库调整到二号仓库. 同样,我们可以看到把货物集中到三号仓库更合理一些,因为增加的是 30 t 货物的运费,减少的是 40 t 货物在同样距离内的运费. 从而把存放货物的地点从二号仓库调整到三号仓库. 继续调整下去,最终应是将货物全部集中到五号仓库,运费最少. 所需运费是:$(10 \times 400 + 20 \times 300) \times 0.5 = 5\ 000$(元).

4. 2×3^{658}.

设这些正整数为 $a_1, \cdots, a_n$,则 $a_1 + \cdots + a_n = 1\ 976$.

不妨设 $a_i < 4(1 \leqslant i \leqslant n)$,这是因为当 $a_i \geqslant 4$ 时 $a_i \leqslant 2(a_i - 2)$,故把 a_i 换成 2 和 $a_i - 2$ 不会使积减小.

再注意 $2 \times 2 \times 2 < 3 \times 3$,所以只需考虑积 $2^a \cdot 3^b$,其中 $a = 0, 1, 2$,且 $2a + 3b = 1\ 976$. 由此得 $a = 1, b = 658$,故所求的最大值为 2×3^{658}.

习题 2.12

3. -4.

参考文献

[1] 张雄,李德虎. 数学方法论与解题研究[M]. 北京:高等教育出版社,2003.

[2] 波利亚. 怎样解题[M]. 阎育苏,译. 北京:科学出版社,1982.

[3] 波利亚. 数学的发现(第一卷)[M]. 欧阳绛,译. 北京:科学出版社,1982.

[4] 波利亚. 数学的发现(第二卷)[M]. 刘远图等,译. 北京:科学出版社,1987.

[5] 波利亚. 数学与猜想[M]. 李心灿,王日爽,李志尧,译. 北京:科学出版社,2001.

[6] 弗里德曼. 怎样学会解数学题[M]. 陈淑敏,严世超,译. 哈尔滨:黑龙江科学技术出版社,1981.

[7] 罗增儒. 数学解题学引论[M]. 西安:陕西师范大学出版社,1997.

[8] 张同君. 中学数学解题研究[M]. 吉林:东北师范大学出版社,2002.

[9] 张同君,陈传理. 数学竞赛教程[M]. 2版. 北京:高等教育出版社,2007.

[10] 苏淳. 从特殊性看问题[M]. 3版. 合肥:中国科技大学出版社,2009.

[11] E.贝肯巴赫,R.贝尔曼. 不等式入门[M]. 文丽,译. 北京:北京大学出版社,1985.

[12] 徐利治,郑毓信. 关系映射反演方法[M]. 南京:江苏教育出版社,1989.

[13] 徐利治. 数学方法论选讲[M]. 武汉:华中理工大学出版社,2002.

[14] 赵忠华. 正三角形共点线定理的再探究[J]. 中学数学教学,2011(1).

[15] 朱德祥. 高等几何[M]. 北京:高等教育出版社,1998.

[16] 曾建国. 圆锥曲线高考命题热点的变迁[J]. 中学数学研究(广州),2017(7).